家庭农场果品

标准化生产与经营实用指南

● 冯晓元 孔 巍 陈早艳 主编

U0292465

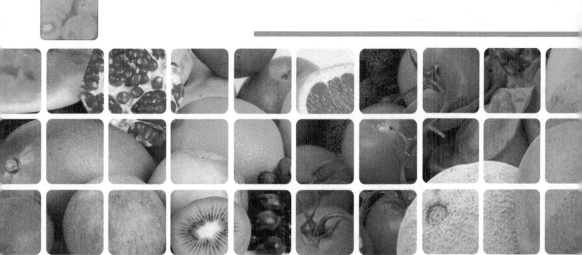

中国农业科学技术出版社

图书在版编目（CIP）数据

家庭农场果品标准化生产与经营实用指南／冯晓元，孔巍，陈早艳主编 . —北京：中国农业科学技术出版社，2018.4

ISBN 978-7-5116-3595-2

Ⅰ.①家…　Ⅱ.①冯…②孔…③陈…　Ⅲ.①果树园艺-标准化②果园管理-经营管理　Ⅳ.①S66-65②S605

中国版本图书馆 CIP 数据核字（2018）第 062510 号

责任编辑	姚　欢
责任校对	贾海霞

出 版 者	中国农业科学技术出版社
	北京市中关村南大街 12 号　邮编：100081
电　　话	（010）82106636（编辑室）　　（010）82109702（发行部）
	（010）82109709（读者服务部）
传　　真	（010）82106631
网　　址	http://www.castp.cn
经 销 者	各地新华书店
印 刷 者	北京建宏印刷有限公司
开　　本	710mm×1 000mm　1/16
印　　张	9.75
字　　数	200 千字
版　　次	2018 年 4 月第 1 版　2018 年 4 月第 1 次印刷
定　　价	35.00 元

《家庭农场果品标准化生产与经营实用指南》
编　委　会

主　编：冯晓元　孔　巍　陈早艳

参　编：戴　莹　姜　楠　王　萍　陈　慈

　　　　王　蒙　韩　平　高　媛　马　帅

　　　　田晓琴　付海龙　刘珊珊　路馨丹

前　言

当前我国农业农村发展进入新阶段，要应对农业兼业化、农村空心化、农民老龄化，"谁来种地、怎样种地"已经成为社会广泛关注的热点问题，这一问题直接关系到农村基本经营制度的巩固和完善，关乎亿万农民的切身利益，是我国推进农业现代化的核心问题。创新农业生产经营组织体制，推进农地适度规模经营，是加快推进农业现代化的客观需要，符合农业生产关系要调整适应农业生产力发展的客观规律要求。

家庭农场作为新型农业经营主体，以农民家庭成员为主要劳动力，以农业经营收入为主要收入来源，利用家庭承包土地或流转土地，从事规模化、集约化、商品化农业生产，保留了农户家庭经营的内核，坚持了家庭经营的基础性地位。家庭农场已成为引领适度规模经营、发展现代农业的有生力量，是土地集体所有制下推进农地适度规模经营的重要实现形式，是推进中国特色农业现代化的重要载体，是破解"三农"问题的重要抓手，也是实施乡村振兴的重要措施。

作为农业的微观组织形式，家庭农场在欧美等发达国家已有几百年的历史。据统计，20世纪末，欧美等国以家庭农场为主要经营形式的比例为：法国88%、欧盟15国平均88%、美国86%、德国77%、荷兰75%、英国69%。由于我国的社会体制与背景不同于西方发达国家，家庭农场在我国的发展与完善不能完全照搬照抄西方发达国家的发展模式，只有科学认知并遵循其成长机理，抓住其发展的必要性及优势，分析存在困境并提出相应发展对策，建立具有中国特色的家庭农场，使其在我国农业农村经济发展和现代农业建设中发挥更大作用。而农业标准化是家庭农场应用先进技术来建立品牌、提高生产和管理水平的重要手段。

本书以问答的形式，通俗易懂地解释了家庭农场果品标准化生产经营体系建设的主要内容。

目　　录

第一章 家庭农场果品标准化生产经营体系建设特点与发展现状

第一节 我国家庭农场的内涵及特点

➢ 什么是家庭农场？

家庭农场是以家庭成员为主要劳动力，从事农业规模化、集约化、商品化生产经营，并以农业收入为家庭主要收入来源的新型农业经营主体。

1. 美国家庭农场定义

按照美国农业部《1998年农业年鉴》的定义，一个家庭农场应该满足以下条件：①生产一定数量拿来出售的农产品，可以被认为是一个农场而不仅仅是一个乡下住户；②有足够的收入（包括非农收入）支付家庭和农场的运营、支付债务、保持所有物；③农场主自行管理农场；④由农场主及其家庭提供足够的劳动力；⑤可在农忙时使用季节工，也可以雇工少量的长期农工。

2. 日本家庭农场定义

日本虽然没有关于家庭农场的明确规定，但是其关于农户与经营体的划分，尤其是关于"销售农户"和"家庭经营体"的划分，可以为我们理解家庭农场的定义提供帮助。农业经营体指直接或接受委托从事农业生产与农业服务，并且经营面积或金额达到一定规模的农业经济组织。根据组织属性，农业经营体可分为"家庭经营体"和"组织经营体"。日本的"家庭经营体"的概念与家庭农场比较接近。

3. 中国家庭农场界定

"家庭农场"这个概念首次提及是在2008年10月党的十七届三中全会

文件《中共中央关于推进农村改革发展若干重大问题的决定》中，文件指出："有条件的地方可以发展大户、家庭农场、农民专业合作社等规模经营主体。"党的十八报告进一步指出，要"坚持和完善农村基本经营制度"，"培育新型经营主体，发展多种形式规模经营，构建集约化、专业化、组织化、社会化相结合的新型农业经营体系"。2013 年的中央一号文件进一步明确，要"创造良好的政策和法律环境，采取奖励补助等多种办法，扶持联户经营、专业大户、家庭农场"。2014 年 2 月 24 日农业部下发了《关于促进家庭农场发展的指导意见》，进一步强化了家庭农场在我国现代农业中的地位和作用。

目前的研究中关于家庭农场的概念，主要有 3 种侧重的类型。

（1）强调家庭劳动力是家庭农场的生产主体。代表性的观点有：农业部（农办经〔2013〕6 号）文件对家庭农场的定义：以家庭成员为主要劳动力，从事农业规模化、集约化、商品化生产经营，并以农业收入为家庭主要收入来源的新型农业经营主体。该文件给出了家庭农场的 7 条认定标准：①家庭农场经营者应具有农村户籍（即非城镇居民）；②以家庭成员为主要劳动力。即：无常年雇工或常年雇工数量不超过家庭务农人员数量；③以农业收入为主；即农业净收入占家庭农场总收益的 80% 以上；④经营规模达到一定标准并相对稳定（即：从事粮食作物的，租期或承包期在 5 年以上的土地经营面积达到 50 亩（一年两熟制地区）或 100 亩（一年一熟制地区）以上；从事经济作物、养殖业或种养结合的，应达到当地县级以上农业部门确定的规模标准）；⑤家庭农场经营者应接受过农业技能培训；⑥家庭农场经营活动有比较完整的财务收支记录；⑦对其他农户开展农业生产有示范带动作用。

（2）强调家庭农场的企业性质。代表性的观点有：穆向丽等认为家庭农场是指具有独立市场决策行为能力的家庭，以农业规模化生产为基础，通过发挥农业生产、生活、生态和服务的多功能性而获取经济收入的企业化组织。朱学新认为，家庭农场是以现代化技术、规模化经营、企业化管理为组织特征的现代农业组织形式。高强等认为，家庭农场不同于传统意义上的家庭农业，是以家庭经营为基础，融合科技、信息、农业机械、金融等现代生产因素和现代经营理念，实行专业生产、社会化协作和规模化经营的新型微观经济组织。

（3）强调既是家庭生产又是企业性质，是两者的综合。代表性的观点有：黎东升等将家庭农场定义为农户家庭为基本组织单位，面向市场、以利润最大化为目标，从事适度规模的农林牧渔的生产、加工和销售，实行自主经营、自我积累、自我发展、自负盈亏和科学管理的企业化经济实体。博爱民认为家庭农场应是以家庭为基本单位，以适度规模的土地为劳动对象，以有效率的劳动、商业化的资本和现代化的技术为生产要素，以商品化生产为主要目的的农户生产企业。张照新将家庭农场的概念总结为以农户为主体，主要利用家庭自身劳动力，长期专业从事农业生产，生产经营规模较大，集约化、商品化水平较高，且以农业经营收入为主要来源的农业生产经营者。孔祥智等用通俗化的语言阐述了家庭农场的含义，家庭农场就是达到一定规模并到工商行政管理部门登记注册了的种养大户，具有家庭经营、适度规模、市场化经营、企业化管理4个显著特征。

综合上述观点，家庭农场应强调家庭是基本生产单位，可以采用企业化方式集约化经营，但不一定非得是企业的性质，毕竟家庭和企业从组织形式上是两种不同的组织。在此基础上，**家庭农场可以定义为**：以家庭为基本生产经营单位，以土地适度规模化为基础，融合科技、信息、农业机械、金融等现代生产因素和现代经营理念，以企业化方式进行农业规模化、集约化、商品化生产经营的新型农业经营组织形式。

作为现代农业发展趋势的家庭农场，在欧美国家较为普遍，已形成了以美国、法国和日本为代表的典型家庭农场模式。而在我国，从2008年党的十七届三中全会提出支持有条件的地区先行发展家庭农场以来，我国部分地区也开始进行积极探索，已在上海松江、吉林延边、湖北武汉、安徽郎溪、浙江宁波等地形成了各具特色的家庭农场经营模式。

➢ 我国家庭农场提出的背景是什么？

1. 城镇化进程加快，农村劳动力缺失，谁来种地凸显

进入21世纪后，我国的工业化、城镇化快速推进。2001—2011年，我国城镇人口占总人口的比重由37.7%提高到51.3%，年均增长1.36%。截至2011年年底，全国农民工数量2.5亿，其中举家全迁的达到3 000万人以上。

随着城镇化进程加快，大量农村劳动力外移，特别是青壮年劳动力向城市、工业转移，使农业青壮年劳动力短缺、农忙季节短缺、区域性短缺问题等结构性问题突出，务农劳动力老龄化、兼业化、副业化现象凸显，由此带来"谁来种地、地怎么种"问题日益突出，这使得培育新型农业生产经营主体要求更加紧迫。

2. 土地流转为农业规模化经营奠定了基础

城镇化进程的加快为土地流转的加速提供了契机。在外务工人员，客观上产生了把土地流转出去的强烈需求；2007 年，农村土地承包经营权流转占全部家庭承包经营面积的 5.2%。进入 2008 年以后，土地流转速度加快。2008 年，农村土地承包经营权流转占全部家庭承包经营面积的 8.9%。2009 年，则增加到 12%；2010 年，农村土地承包经营权流转面积占全部家庭承包经营面积的 14.7%。2011 年，则增加到 17.2%；截至 2012 年年底，全国通过各种方式流转土地面积 2.7 亿亩（15 亩＝1 公顷，全书同），占全部家庭承包经营面积的 21.5%。

农村土地承包经营权流转的加速，既有宏观政策推动和地方政府的努力，也有其客观原因。在国家宏观政策方面，2008 年的十七届三中全会提出，现有土地承包关系要保持稳定并长久不变，增人不增地，减人不减地。农村土地承包经营权的长久不变，一方面，排除了农民担心失去土地的心态，使得流转的期限更长；另一方面，转入方的权益得到了更好的保护，有了更好的预期，更有利于促进土地流转。

3. 农民有客观需求

改革开放以来，在农村职业分化工程中形成了一支庞大的种田能手队伍，他们需要种植规模达到一定限度后才能获得和外出务工或经商相接近的收入水平，客观上产生了转入土地的强烈需求，希望扩大经营面积，发展规模经营。

4. 农业现代化的需要

党的十八大报告指出，坚持走中国特色新型工业化、信息化、城镇化、农业现代化道路，推动信息化和工业化深度融合，工业化和城镇化良性互动，城镇化和农业现代化相互协调，促进工业化、信息化、城镇化、农业现代化同步发展。推动现代农业建设，不可能依靠传统的高度兼业化的分散小农经营，必须要有新型农业经营主体的参与。通过家庭农场、农民专业合作社、农业企业等新型农业经营主体来发挥现代农业装备与农业技术的作用，创新农业经营形式，培育新型农民，提高农业效益和竞争力。

图 1-1 是家庭农场产生的理论解释框架。

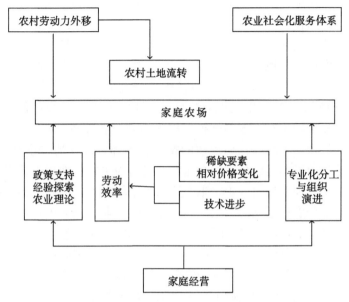

图 1-1　家庭农场产生的理论解释框架

▷ 家庭农场的内涵是什么?

家庭农场是一个国家或地区在经济结构转化、社会结构转型的特定背景下，农业微观生产经营组织形式的演化方向之一，是农业生产经营进行多元化探索和适应性调整的自然结果。对中国特色家庭农场的**实质内涵需从以下五个方面**来进行全面理解。

（1）**劳动力**。由于农业生产的季节性和周期性特点，在特定季节和时间段需要临时雇用家庭成员以外的劳动力，这种雇用关系具有短期性和补充性特征，家庭农场的主要劳动力仍然以来自家庭内部为主，这也是家庭农场与雇工农场、农业企业的主要区别之一。农业具有明显的季节性用工需要，主要是针对粮食、水果等生长期较长、中间管理需求少的一些种植业而言，而蔬菜、花卉种植和专业化畜牧养殖则需要长期稳定、技术熟练、经验丰富的劳动力来进行精细管理，才能满足生产要求，对雇工需求则是以长期性和专业化为主，对临时雇工需求较少，这是养殖类家庭农场与种植类农场的区别之一。

（2）**土地**。一些经济林果和经济作物种植类的家庭农场，一般用的是坡地、林地等非耕地，因此土地是指耕地、林地、滩涂和其他用地等，包括从集体经济组织承包、拥有完全使用权的土地，也包括通过流转而来、拥有部分权限的土地。土地流转是未来家庭农场生产经营规模扩展的主要渠道。不同类型家庭农场对土地的需求存在差异，其中养殖类家庭农场对土地不仅有规模需求，在畜舍设施与管理设施建设时对土地还有使用性质要求。

（3）规模化、集约化和商品化。 种植类家庭农场的规模一般以土地规模来反映，而养殖类家庭农场的规模是以土地规模和牲畜存栏量（或出栏量）共同反映。从理论上看，任何规模的家庭农场都可以注册并享有法人权利。但是，目前我国仍然是以分散的个体农户经营为主，耕地规模或者养殖规模较小，资本积累和要素投入少，生产技术水平较低，产品以满足自家生活需求为主，大部分农户家庭的收入主要来自非农产业，农业生产的兼业化现象严重。为了家庭成员和农场临时雇用人员从事农业生产经营活动所获取的经济收入不低于从事其他非农产业所获取的平均收入，现阶段我国家庭农场经营规模应满足一定的要求，并强调经营决策要以现代的市场需求为导向，在发挥传统生产经验优势的基础上，大力采用新的技术进行专业化、集约化和商品化经营，提高资源利用率、劳动生产效率和增加经济收益，解决未来"如何种田"的问题。

（4）家庭收入与资本积累。 家庭农场所生产的产品销售收入，既是家庭成员的劳动收入，又是经营利润的一部分，也是家庭农场资本积累的主要来源。强调以农业生产经营成为家庭收入和资本积累的主要来源：一是防止一些家庭农场的建设经营者不把农业生产作为主要收入来源，没有农业生产经营的压力，甚至会偏离国家和社会目标，把家庭农场办成圈占农地而从事其他产业经营的一种手段；二是从实现我国农业现代化的产业目标需求看，必须让从事农业生产经营的职业农民或农场主具有与非农产业一样甚至更高的收入，能过上体面的生活，这样才能吸引年青一代从事农业，解决未来"谁来种田"的问题。不同类型家庭农场具有经营规模、产品种类和产业形态的差异，需要固定资产投资和生产流动资金以及对外部资本的依赖程度存在明显差异，仅靠家庭自有资金是满足不了生产需求的，需要外部融资的支持，但是农场的资本积累最终还是要靠农业生产经营的利润，而不是靠外部其他产业的收入来维持，这样也是违背了家庭农场发展的初衷和目标。

（5）独立经营主体。 从主体地位看，目前我国的个体农户是没有经过工商注册、没有法人资格的主体；家庭农场处于刚起步的阶段，农业部指导意见中也只提出依照自愿原则，家庭农场可自主决定办理工商注册登记，以取得相应市场主体资格。但从国外发展经验、国内先行试点地区实践和未来长远生产经营需要考虑，家庭农场和农业企业、农业合作社等组织一样应该需要经过工商注册，成为享有法人权利的主体。从主体的属性看，家庭农场则是具有社会和经济双重属性的农业生产单元。

> ## 家庭农场的特点是什么？

家庭农场作为一种新型的农业经营组织，一般具有注册法人身份、经营规模较大、家庭劳动力为主、运营长期稳定等特征。表1-1总结了目前文献中有关家庭农场的特征研究。虽然研究者各自的表述方式和侧重点不同，但几乎所有学者都认为家庭农场应该具有企业化的法人特征，多数学者认为还应具备市场化、现代化特征。

表1-1　有关家庭农场特征的研究

参考文献	家庭农场的特征
黎东升等，2000	市场化、利润最大化、企业化、科学管理化、规模化
蒋辉，2008	集约化、规模化、专业化、产业化
关付新，2005	现代化技术、规模化经营、企业化管理和现代化农民
高志坚，2002	现代化、专业化分工、规模化、社会化协作、企业化经营
朱学新，2006	家庭性经营、市场为导向、利润最大化、适度规模化
何多奇，2009	农业商品化、机械化、规模化、科学化、法人化

从家庭农场的经营主体、经营规模、经营目的、管理方式角度来分析现阶段家庭农场的基本特征。

（1）**从经营主体看**。家庭农场经营者主要是农民或其他长期从事农业生产的人员，主要依靠家庭成员而不是依靠雇工从事生产经营活动。家庭农场在家庭承包经营基础上发展起来，保留了家庭承包经营的传统优势。经营的主体仍然是家庭，家庭农场主仍是所有者、劳动者和经营者的统一体。

（2）**从经营规模看**。家庭农场表现为适度规模经营。种养规模与家庭成员的劳动生产能力和经营管理能力相适应，收入水平能与当地城镇居民相当，实现较高的土地产出率、劳动生产率和资源利用率。

（3）**从经营目的看**。家庭农场表现为从事商品化农产品生产，以营利为根本目的。成立家庭农场是为了追逐更大的利益，针对市场需求，依托当地的自然资源条件，采用新技术和新设备，生产较高附加值和经济效益的优质农产品。而农民的一个突出特征是同时从事市场性和非市场性农业生产活动，市场化程度的不统一和不均衡是农户的突出特点。即家庭农场以商品化生产为主，不考虑生计层次的均衡，以营利为根本目的。因此，家庭农场区别于自给自足的小农经济的根本特征，就是以市场交换为目的，进行专业化的商品生产，而非满足自身需求。

（4）从经营管理看。家庭农场专门从事农业，主要进行种养业专业化生产，经营者大都接受过农业教育或技能培训，经营管理水平较高，示范带动能力较强，具有农产品商品生产能力。

➢ 家庭农场如何分类？

家庭农场是一个非常广泛的概念。我国幅员辽阔，各地自然气候、环境资源、经济发展状况差异很大。从大农业资源和经营方式等角度，家庭农场类型可划分如下。

1. 根据大农业资源的区别

可分为五种类型：家庭农场、家庭林场、家庭畜牧场、家庭渔场以及其他类型（如家庭果园、家庭菜园、家庭茶园、家庭药材园、家庭菌园、家庭苗圃园等）。

2. 根据经营方式的不同

可分为：①单纯生产型，以农产品种植、养殖为核心，以出售初级农产品为主要经济来源；②参与互动型家庭型，利用农业景观、自然生态和环境资源，结合农村景观、农业活动、农业文化等，提供除农产品以外的互动参与，如家庭观光农场、家庭休闲农场、家庭教育农场等。

第二节　我国家庭农场的优势与发展现状

➢ 家庭农场有什么优势？

家庭农场在四个方面具有较为明显的优势。

（1）家庭农场经营模式能够有效降低生产成本。家庭农场经营可以优化固定资本与流动资本的配置比例，在享受规模经济效益的同时，避免经营规模过大带来的边际收益递减问题。

（2）**家庭农场经营模式能够节约交易费用**。家庭农场通常以家庭成员为劳动主体，家庭成员之间有着共同的利益诉求，不仅可以避免高额的劳动监督成本所带来的偷懒等机会主义行为，而且通过有效的沟通、协调可将农业决策成本降至最低限度，从而节约交易费用。

（3）**家庭农场经营模式具有良好的激励机制**。以家庭经营为主要特征的家庭农场成员有更加强烈的愿望参与农业生产。以家庭作为一个整体获得农业生产收益，不仅可降低收益分配的信息不对称性，而且可杜绝"搭便车"现象。

（4）**家庭农场专业化、市场化生产特点突出**。家庭农场通过规模化，集约化经营可专注于农业生产的机械化、专业化经营，专注于特色、优质农产品的培育。

➤ 家庭农场与农业集体经营制度比较，优势在哪？

从1956年农业社会主义改造基本完成到1978年党的十一届三中全会前，我国实行了22年的农村土地集体经营模式。在当时的历史条件下，通过高度集权的农业集体经营为我国的工业化建设提供了资本的原始积累，也为农业生产条件的改善和农业经济的增长起到了一定的促进作用。但农业集体经营制度，过度强调集体生产，排斥家庭经营，脱离了当时生产力还不发达的历史现状，违背了生产关系要适应生产力发展水平的客观规律。农业集体经营制度下，实行劳动者集体劳动，按工分和劳动定额进行日常管理，劳动力的努力程度和劳动结果没有直接的关联，"干多干少一个样"或"干好干坏一个样"。实行平均主义的分配方式，缺乏良好的激励机制，严重挫伤了劳动者的生产积极性，甚至对农业生产有一定的破坏性。

家庭农场是以家庭为基本生产经营单位，以土地适度规模集中为基础，以企业化方式进行农业集约化生产、商品化经营的新型农业经济组织形式。家庭农场的优势在于农业生产中实行的是家庭经营方式，具有降低交易成本和激励兼容的特征，是一个有效率的经济组织。家庭农场与集体农场相比，突出了农业生产中家庭经营的优势。除了制度优势外，从农业产业特点和世界农业发展规律来看，家庭经营是农业生产最有效的方式。

家庭农场与农业集体经营相比最明显的优势在于家庭经营。家庭经营目标一致，成员有利他主义倾向，在农业生产中不需要监督，就会人尽其能，物尽其用。因此，世界多数国家农业生产采用的都是家庭农场经营模式，能否节省监督成本就成为家庭农场与农业集体经营制度的边界。

➤ 家庭农场与家庭联产承包责任制比较，优势在哪？

1. 家庭联产承包责任制的不足

党的十一届三中全会后，我国农业实行了以家庭经营为主的家庭联产承包责任制经营方式，家庭经营的优势在农业生产中得到了充分的发挥，农业生产效率得到了快速的提升。家庭联产承包责任制在发挥家庭经营优势的同时，也存在不足，主要表现为：一是"均田式"的土地分配模式带来了土地的地块分割和零碎问题，不利于农业的规模化经营；二是在农业适度规模经营前，带有一定小农性质农业生产的组织形式。

（1）**"均田式"的土地分配模式带来了土地零碎和农业生产成本高的问题**。家庭联产承包责任制下对土地的分配，主要根据农村集体土地的数量和质量，按人口或劳动力进行平均分配。不仅人均耕地面积要平均，而且土地好坏也要公平，使得农村承包土地地块分割严重，土地零碎化问题突出。土地的细碎化带来了土地规模小、生产成本高、耕地浪费多等一系列问题。土地经营规模小使生产的农产品数量有限，仅能维持农民的温饱，农民收入难以提高；土地经营规模小导致农业生产成本高，农业比较效益低下，农民弃农务工现象普遍；土地经营规模太小带来耕地资源的大量浪费，因为土地的条块分割和细碎化使得田间道路和地埂密集，损失了大量耕地。土地经营规模小也不利于农业机械化操作和土地的合理规划与整治，小农经济力量单薄，难以承担大规模的农业基础设施建设。土地经营规模小也不利于现代农业技术的实施，农户缺乏引入农业高新技术的动力，制约了现代农业科技的应用和农业科技成果的转化，影响了农业现代化进程的实现。

（2）**家庭联产承包责任制带有一定小农性质农业生产的组织形式**。家庭联产承包责任制条件下，由于土地的均分使得每个农业家庭生产的规模较小，在农业适度规模经营前，小农经济的生产性质明显。在我国农村地区，由于农民所拥有的土地承包经营权是根据户籍制度赋予的，而不是根据居住权，所以是一种以自给自足为特征的小农经济形态。生产经营的商品化水平低，生产的农产品以自我消费为主，很少进行商品交换，单纯的农业经营无法带来更多的收入，农户的收入更多要靠非农的务工或兼业收入。从组织特征看，小规模农户是家庭组织和农业生产经营组织的统一体，家庭成员是农业生产的主要力量，几乎没有雇工经营。从行为特征看，小规模农户生产经营决策缺乏市场意识和现代经营管理意识，主要依赖经验积累和主观判断。实现自足自给，保持家庭生活稳定成为小规模农户主要的经营目标。在我国二元经济明显、城乡收入差距不断扩大的条件下，切实提高农业自身的竞争力，提高农民收入，成为农业经济发展的主要目标。小农经济的自给自足、分散小规模经营越来越成为现代农业生产经营的羁绊。

2. 家庭农场比较家庭联产承包责任制的优势

家庭农场与家庭联产承包责任制相比，虽然也是以家庭经营为主，但有两大优势：一是家庭农场通过土地的适度规模经营可以实现土地的规模经济，从而降低农业生产成本，增加农业利润。二是与家庭联产承包责任制条件下小规模农户相比，家庭农场更强调商品化经营，通过商品化经营，可以增加农业收入提高农民的生活水平，符合农业生产的社会性特征。

（1）适度规模经营优势。家庭农场通过土地流转对分散土地进行集中和整理，可以增加耕地面积，减少由于地块分割带来的土地浪费。家庭农场通过承包、租赁、互换等土地流转方式获得土地经营权，实现土地的集中，从而达到农场经营所需要的适度规模。随着生产规模的适度扩大有利于降低农业生产成本，增加农业利润，使土地、资本、劳动力等生产要素配置趋向合理，以达到最佳经营效益的活动。家庭农场适度规模经营有利于农业机械化生产、农业技术推广、农业劳动生产效率的提高和农业现代化的实现。

（2）商品化经营优势。家庭农场不仅规模大，而且是商品化经营，这是区别于小规模农户的重要特征。从经济属性看，家庭农场不仅仅是农产品的生产者，而且还是农产品的经营者，且生产的产品主要以满足市场需要为主，而非完全的自给自足。从行为特征看，家庭农场经营中，虽然家庭成员也是生产经营的主力军，但由于经营规模相对小规模农户要大，一般会有一定数量的季节性雇工。从组织特征看，家庭农场与土地流转户、雇工之间会通过一定的契约形式形成租赁或雇用关系，有的地方还会引入股份制、股份合作制等新型的组织方式，从而使家庭农场在组织形式上要比家庭联产承包责任制更丰富，更适应农业现代化的发展。从经营意识看，家庭农场以商品化、集约化经营为主要特征，所以有较强的市场意识和经营管理意识，并通过不断地调整生产经营结构提高专业化、商品化水平，增强市场竞争力。

家庭农场与家庭联产承包责任制相比，最明显的优势是规模化生产和商品化经营。这两个优势符合市场经济条件下农业生产的社会性特征。市场经济是开放的经济，要求农业生产必须充分了解市场信息，与市场建立紧密联系，不能仅仅满足自给自足的小农生产。因此，能否节省农业生产成本就是家庭农场与家庭承包经营责任制的边界。

➤ 家庭农场与专业大户比较，优势在哪？

家庭农场与专业大户都是随着农村家庭联产承包责任制的深入发展而呈现出的更高层次的农业生产经营组织形式，其共同点在于它们的农业生产都是有一定的规模、一定的面积和一定的技术含量。

专业大户是指承包的土地达到一定规模，并具有一定专业化水平的新型农业生产经营主体，规模大、专业化是其典型的特征。专业大户本质是农户（自然人）属性，不需要进行工商注册登记，使其在银行信贷、业务谈判、市场经营中与经济法人相比处于劣势，一定程度上影响了自身的发展；专业大户土地多来自承包，由于规模大，专业大户一般会有季节性雇工或常年雇工。

家庭农场可以进行工商登记（目前尚无统一规定），工商登记可以明确其市场主体地位，经营行为更受法律保护，以"企业化"的方式进行规范化管理，有利于家庭农场获取贷款和品牌创建。家庭农场的土地来源，除自己承包的土地外也需要通过不同的土地流转方式获得规模土地，但更强调经营土地的长期稳定，这样才有利于激励农场主的积极性和农业机械化作用的发挥。家庭农场以家庭成员为主要劳动力，偶尔也会有少量的雇工，不仅要生产，还要重视经营。我国现有家庭农场中有一部分就是从专业大户转化而来，因此家庭农场是更加制度化和规范化的专业大户。

市场经济是开放性的契约经济，要求市场主体有一定的组织性。而组织相对于自然人在章程制定、市场发展、经营目标等方面目标更明确，也更稳定，因此在银行信贷、业务谈判等市场交易中更有优势。专业大户本质是农户，是自然人。家庭农场相对专业大户而言是注册登记的经营组织，在制度制定、行为规范等方面可靠程度更高，是更具竞争力的市场经营主体。因此，制度化和规范化是家庭农场与专业大户的边界。

➤ 家庭农场与农民专业合作社比较，优势在哪儿？

农民专业合作社是在农村土地家庭承包经营基础上，同类农产品的生产经营者或者同类农业生产经营服务的提供者、利用者，自愿联合、民主管理的互助性经济组织。农民专业合作社也是国家鼓励和支持发展的新型农业生产经营主体。与家庭农场相比，虽然两者都实行适度规模经营，但实现规模经营的前提和方式有较大区别。

1. 两者实现规模经营的前提条件不同

农民专业合作社，是在不变更现有农户农业生产经营的前提下，通过同类农产品农户的联合，进行农业的适度规模经营。农户依然从事农产品生产经营活动，没有离开土地，也没有实现从第一产业向第二、三产业的转型。家庭农场是在农民由农业向非农业转型的前提下，通过土地流转的方式，让继续从事农业的农民扩大耕地面积，实现土地的适度规模经营，为继续"留守"农村从事农业生产经营的农民向新型农民转型奠定了基础。

2. 两者实现规模化的途径不同

农民专业合作社主要是通过联合生产经营同类农产品的农户或企业的方式实现了农业的适度规模经营。其规模的扩大主要是通过联合分散农户实现的，在农民人均土地规模也没有扩大的基础上实现的规模化。农民专业合作社在农业经营体系中是联结农户、企业和市场的桥梁和纽带，以多元化合作的方式共同参与市场竞争。家庭农场的适度规模是在农民实现非农业转型，大量减少农业人口的条件下，经营者通过土地流转方式获得集中连片土地的经营权实现农场内部自身规模的扩大，是在农民人均土地规模扩大的基础上实现的规模化。农业的规模化经营不只是把土地集中起来采用机械化做到规模经济，也要从人均土地规模扩大的角度做到规模经济，土地的规模经营与农业剩余劳动力的转移缺一不可。

3. 两者成立的条件不同

我国在 2007 年已颁布了《中华人民共和国农民专业合作社法》（以下简称《农民专业合作社法》），按照规定，成立农民专业合作社必须向工商行政管理部门申请登记。要有 5 名以上符合规定的成员，有相关的章程、组织机构、名称和住所，同时对成员的出资情况也有相关的规定。《农民专业合作社法》还对农民专业合作社的财务管理、会计核算、盈余分配、亏损处理、合并分立、解散清算、扶持政策、法律责任等做出了具体的要求。家庭农场目前还处于起步阶段，国家还没有统一的认定标准和法律法规，对是否申请注册登记家庭农场没做硬性要求，但如果成立家庭农场应以农村户籍的家庭成员为主要劳动力，要有一定集中连片的土地经营规模，以农业收入为主要收入来源，农场经营范围一般为种植或养殖项目。另外，对家庭农场的申办类型也没有固定为一种模式。

4. 两者的经营方式不同

我国目前的农业经营模式主要概括为两种：一是家庭经营模式，二是企业经营模式。农民专业合作社本质上并不是一种经营模式，而是在家庭承包经营的基础上，为了农业生产中采购、销售、农机服务等共同利益组合在一起的经济联合体。家庭农场目前虽然还没有形成统一的概念，但无论是农业部的解释还是学者们的定义，对家庭经营是家庭农场的主要经营模式却达成了共识。

农民专业合作社虽然是农业生产经营组织，但本质上不是一种经营模式，而是一种经济联合体。虽然也实现了农业生产规模的扩大，但是通过联合各农户形成的联合体较为松散，合作社内部也存在信息沟通不畅、利益摩擦等问题，是一种外延式的规模扩大。**家庭农场组织较为紧密，几乎不存在内部信息不对称、利益不一致等问题，是一种内涵式的规模扩大。因此，农业组织紧密与否是家庭农场与农民专业合作社的边界。**

➤ 家庭农场与农业企业比较，优势在哪？

农业企业是我国农业生产经营活动的重要组织形式，农业企业以实现利润最大化为主要目的，是依法设立从事商品性农业生产和经营活动，自主经营、自负盈亏的经济组织。农业企业本质也是以营利为主要目的的经济组织，符合企业的一般特征。家庭农场与农业企业相比最大的区别：首先，是组织形式不同，家庭农场是一种家庭组织形式而不是企业组织形式；其次，家庭农场内部分工与企业内部的专业化分工不同；最后，在生产要素投入方面家庭农场与农业企业也存在差异。家庭农场的生产要素投入一般是自有要素和外部要素的结合，很少完全使用外部要素。家庭农场经营也符合农业生产的自然再生产和经济再生产相统一的特点，能根据农业生产的季节性变化灵活调整生产要素的投入，提高劳动力的利用率和劳动生产率。

农业企业也是我国农业生产经营活动的重要组织形式。但并不是以家庭经营为主，有可能完全是规模化经营。农业企业是一种典型的企业组织，有严格的科层制度，有成员内部明确的分工，生产要素投入以外来要素为主。家庭农场组织是一种家庭经营为主的新型经营组织，成员与组织之间目标一致、沟通顺畅、协调组织成本较低，在分工水平较低的农业生产经营中是非常有效率的组织。因此，**能否节省组织成本是家庭农场与农业企业的边界**（表1-2）。

表 1-2　家庭农场与农业企业、普通农户的区别

项目	农业企业	家庭农场	普通农户
土地	主要靠租赁土地	以租赁土地为主，自有土地为辅	以自有土地为主，以租赁土地为辅
资本	以外投资本为主，拥有明晰的资本收益率	外投资本与自有资本相结合，拥有较为明晰的资本收益率	以自有资本为主，缺乏明细的资本收益率
劳动	以雇用劳动为主，很少有自有劳动	以自有劳动为主，以雇用劳动为辅	以自有劳动为主，偶有邻里间换工
经营者劳动	以管理性劳动为主，以生产性劳动为辅	生产性劳动与管理性劳动相结合	以生产性劳动为主，以管理型劳动为辅
产品属性	产品担负着交换营利功能	产品主要担负着交换营利功能	产品担负着维持生计功能

▷ 家庭农场的发展现状如何？

近年来，包括上海松江、湖北武汉、吉林延边、浙江宁波、安徽郎溪等地在内的试点地区在创新农业经营模式上大胆尝试，积极培育家庭农场，有效促进了现代农业的发展。截至 2012 年年底，已有 6 670 个家庭农场分布于农业部确定的 33 个农村土地流转规范化管理和服务试点地区。

农业部 2013 年 3 月针对全国家庭农场的首次统计调查结果显示，全国 30 个省、区、市（西藏自治区除外）的家庭农场共有 87.7 万个，经营耕地面积总共达到 1.76 亿亩，占到全国承包耕地面积的 13.4%。平均每个家庭农场有包括家庭成员 4.33 人以及长期雇工 1.68 人在内的劳动力 6.01 人。可以说，我国家庭农场已经初具规模，表现出强劲的发展势头。在这 87.7 万个农场中有 46.7%（40.95 万个）的从事种植业，有 45.5%（39.93 万个）的从事养殖业，有 6%（5.26 万个）的实施种养结合经营，有 1.8%（1.56 万个）的从事其他行业。可以看出，现行家庭农场中仍以种养业为主，在种养结合经营、林业、休闲观光农业等方面还有很大的发展空间。

经营规模上，我国家庭农场规模的平均水平达到 200.2 亩，而全国承包农户平均经营耕地面积为 7.5 亩，二者相差悬殊，前者超出后者近 26 倍。其中，经营规模从 50 亩以下到 1 000 亩以上不等。收入方面，2012 年全国家庭农场经营收入总计为 1 620 亿元，平均每个家庭农场达到 18.47 万元。由此看来，我国当前的家庭农场多为 100 亩以下的较小规模经营，超过 500 亩

的非常少。说明对于家庭农场的规模并没有一个严格统一的规定和要求，小型农场经营在我国较为普遍。事实上，我国人多地少，各地区的差别很大，而且土地又归集体所有，实行家庭联产承包责任制。如此从我国实际情况和多种因素综合考虑，家庭农场的确不能太大。

从区域分布来看，我国发展较快、规模较大的家庭农场多集中在两种地区：一是地广人稀、人均耕地较大的地区，如黑龙江、吉林等地，已经有不少规模高于万亩的家庭农场；二是经济发达地区，特别是大城市郊区，如上海、浙江等地，鼓励土地流转和规模经营，取得了很大的发展。而在全国范围来看，不同地区的发展模式差异很大，发展水平上则差距悬殊，体现出了高度的不平衡。家庭农场数量众多，经营模式也不尽相同，大致形成上海松江村集体承租模式、浙江宁波工商注册登记公司模式、湖北武汉连片开发模式、吉林延边经济组织模式、安徽郎溪示范家庭模式等不同模式。不同模式的家庭农场都促进了农地的适度规模经营，但也带来了认定标准不统一，技术要求不一致等问题。

▷ 我国家庭农场典型案例

我国家庭农场起步较晚，但在中央政策和地方政府的大力支持下发展较快，目前在全国一些地区已形成了有自己特色的家庭农场模式。近年来通过试点在我国形成了 5 种典型的家庭农场模式，5 个试点即：浙江宁波、上海松江、湖北武汉、吉林延边、安徽郎溪，5 种典型的家庭农场模式情况如下。

1. 政府主导下的上海松江模式

2014 年，上海民革市委对 4 个区县的"家庭农场"开展专题调研，并发布了一份调研报告。截至 2014 年 6 月，上海共有 2303 户粮食家庭农场，粮食种植面积达 28.66 万亩，平均规模约为 100 亩，其中松江区的家庭农场户数占上海总户数的 56.5%，经营面积占 52.3%，平均规模为 115.4 亩，高于上海市平均水平。根据上海市农业委员会发布的数据，2014 年上海粮食生产家庭农场户数为 2787 户，预计 2015 年将达到 3348 户。松江区粮食生产家庭农场的主要特征如下。

（1）**家庭经营**。家庭农场由夫妻双方共同经营，经营者应为具有本村户籍，年龄不超过 55 岁的专业农民和种田能手；除农忙或临时性短工需求外，基本不雇用固定劳动力参与家庭农场的生产经营。

（2）**规模适度**。启用"土地委托村委会统一流转"的模式，农民与村委会签署统一格式的土地流转授权委托书，土地从农民流转至村集体，再由区政府整治成高标准农田发包给承租者。家庭农场的土地经营规模要匹配其生产经营能力。现阶段承租面积限制在100～150亩，后期可逐步放开土地规模。禁止家庭农场的所有者改变土地用途，不得二次流转土地。针对土地承包经营权流转期限偏短，基本上一年一签的问题，松江区农委通过引导和鼓励农民合理确定土地流转，规范土地流转合同，使流转期限逐步延长至3～5年，以鼓励家庭农场主的经营积极性。

（3）农业为主。家庭农场的成员以从事农业生产为主，经营者以农业收入为主要经济来源。农场的人均收入与城市居民人均收入相当，生活水平得到改善。

（4）集约化生产。家庭农场集约化经营，既提高了劳动生产率、土地投入产出比和要素利用率，也充分发挥了适度规模效应，体现家庭经营的优势。

（5）实施竞争机制。该区引入适度竞争机制，建立家庭农场主淘汰机制，增强该地家庭农场发展的活力；对家庭农场进行评估，制订相关指标，确定经营目标，加强目标考核，适时组织竞赛等，实现家庭农场经营规模的相对稳定。

（6）提供政策扶持和配套服务。一是加强政策补贴力度。农场在取得种粮农民直接补贴、农资综合补贴、良种补贴和农机具购置补贴等四项补贴外，农委还为农场减免了农业税，提高了粮食最低收购价格。针对粮食家庭农场，由市政府统一补贴100元/亩，区政府补贴100～600元，各乡镇相应投入配套资金。二是加强对家庭农场的配套服务。农场主基本经过培训上岗，政府主导衔接产业链，提供统一耕种，统一收割，统一销售，免费技术培训开展职业技能培训，扩大农资连锁经营覆盖面，推广农技作业服务，开展信息服务。

2. 市场主导下的浙江宁波家庭农场

宁波市经济发达，处于我国领先水平，下辖3市6区2县，耕地面积约300万亩，人均耕地面积0.55亩。2013年，宁波农地流转率60%左右、规模经营30亩以上的经营主体超过1.2万户。2012年年底，宁波共有687户家庭农场实现工商登记注册，创收13.4亿元、获利2.8亿元，平均每户利润为41万元。到2013年6月底，宁波市经工商登记注册的家庭农场总数为2 754家，从事粮食、蔬菜、瓜果、畜禽等产业的经营，其中种植业农场

2 074家，养殖业 557 家，种养结合的 123 家；按工商登记类型分，87.36% 以个体工商户登记，8.09% 以个人独资企业登记，2.54% 为有限责任公司，1.99% 采用其他形式。宁波市家庭农场土地流转面积占 27.74 万亩，平均流转面积高于 100 亩/个；长期雇工共计 6 919 人，平均每个农场雇用 2.5 位劳动力，70% 的家庭农场雇用长期雇工。宁波家庭农场是在市场主导下，经过工商部门注册，以利润最大化为目标，自主经营、自负盈亏，企业化经营程度很高的农业经营主体。其主要经验是：

（1）市场主导下注册登记的"法人化"家庭农场。宁波市家庭农场是以市场为导向不断发展起来的。市场的发展客观要求农业市场经营主体规模化、标准化、法人化。因此，这些规模大户为满足对外融资、市场开拓、增强谈判能力的需要，掌握更多的市场话语权，逐步注册发展为"法人化"的家庭农场。家庭农场在工商部门注册登记是市场化发展的需要，也是宁波家庭农场确认的必要条件。在市场主导下，宁波家庭农场积极参与农业产业化生产，与农业企业、农民专业合作社等农业生产组织建立了密切联系，形成了"家庭农场+农业合作社""家庭农场+农业企业"等农业产业化经营的新模式。宁波市农业企业比较发达，仅慈溪市就有加工型农业企业 330 多家。2012 年，有 122 户家庭农场与农业企业签订了产品购销合同，消化了一大部分农产品。宁波市农民专业合作社也非常发达，2012 年数量达到 1935 家，基本覆盖了所有农业主导优势产业。在市场导向下，家庭农场与农民专业合作社紧密联系，开展农业产业化合作，有一半左右的家庭农场牵头领办或加入了农民专业合作社。

（2）土地流转有序。宁波市土地流转费用也是以市场为导向，随着市场变化相应调整。为推动农村土地承包经营权流转，宁波市积极建立健全流转服务体系、承包经营纠纷调解处理机构，规范管理土地流转，建立了县、乡、村三级土地流转信息服务平台、服务中心和服务站。近年来，为优化土地流转结构、规范土地流转行为，市政府、县政府、乡政府三级对土地流转的年均扶持资金总额高达 3 000 多万元，并取得了实际成效：截至 2012 年年底，宁波市共流转土地面积 143.4 万亩，占农户家庭承包面积的 61.8%，土地流转面积大。土地有序流转，是实现土地适度规模经营的前提，为家庭农场的健康发展奠定了基础。

在市场主导下，宁波市家庭农场非常重视品牌建设，强调按规范的标准和技术要求开展生产。2012 年有 154 户家庭农场拥有自主商标权，有 420 个家庭农场实行了标准化生产，农场的管理制度、农业生产销售记录、财务账簿相对齐全。在激烈的市场竞争中，宁波市家庭农场还非常注重新技术、新品种、新设施的推广和应用，仅慈溪市瓜果类家庭农场就引进甘蓝、草莓等新品种 100 多个。

（3）农场经营者总体素质高。绝大多数的家庭农场经营者拥有本地农村户口，可分为三类：经商、外出务工、从事农产品经纪之后转向农业的返乡人士；始终在本地从事农业生产的农民；高校毕业生自主创业。

多数家庭农场经营者具有较强农业实践技能、丰富的专业知识，并有较高的经营管理水平。农场主年龄、知识结构比较合理。根据宁波市农业局公布的 2012 年调研结果，全市共有 687 个家庭农场，68.4% 的家庭农场经营者年龄处于 50 岁以下，40% 的经营者拥有高中以上学历，13.8% 的经营者具备大专以上文凭。其中，近 50 家家庭农场由大学生独立或参与创立；107 家家庭农场聘用了 199 名大学生；为实现传承，少数家庭农场经营者逐步培养子女参与农场生产经营。总体来看，宁波家庭农场模式市场需求为主导，实行工商注册登记制度，进行企业化经营。市场主导下，宁波土地流转率约为 60%，农场规模经营率达 61%，农业技术贡献率为 65%，实现了专业化、规模化、集约化经营。农场经营者学历更高，素质更好，走向职业农民的发展道路，人均经济收入远高于普通农户。市、县、乡三级政府通过出台相关政策、提供社会化服务、完善基础设施，加强财政补贴、提高扶持力度等方式大力支持农场的发展。

（4）政府扶持力度强。宁波家庭农场虽然是在市场主导下经过工商注册的"法人化"家庭农场，但也离不开政府的支持。政府支持在宁波家庭农场发展中同样起着重要作用，主要表现在政府补贴，社会化服务等方面，下面以宁波慈溪市为例进行说明。

为加快土地流转和规模经营，支持家庭农场的发展，慈溪市政府对土地流转农户和家庭农场经营户均有相关的政府补贴。如对一次性流转剩余年限土地承包经营权给村集体的农户，每年补贴 150 元/亩；对新流转土地经营权 5 年期的农户，每亩一次性补助 200 元，流转期限 5 年以上的，每超过 1 年每亩再补助 60 元。慈溪市对新创办的达到相应规模的家庭农场开展标准化生产并且无安全事故发生的给予 5 千元至 1 万元不等的补助。为鼓励农业机械的使用，政府还对农户购置列入补助范围的农机具，给予购置金额 35% 的补助。

在社会化服务方面，慈溪市通过各种措施积极培养和引进家庭农场经营的高端人才。慈溪市先后组织过 300 位农场经营者参加农场主高级培训班。

为吸引涉农大学生在家庭农场就业和创业，慈溪相关政策规定，涉农专业大学毕业生在家庭农场就业，每人最高可享受 2 万元的补助，如果在农业领域创业，最高可得到 50 万元的全额贴息贷款。慈溪市在设施农用地、农业政策性保险等方面也为家庭农场提供相关的支持。如慈溪市规定对于土地流转期超过 5 年、经营规模 100 亩以上并且签订规范合同的家庭农场，允许其按不超过 5‰的流转面积，在流转土地范围内申请使用设施农用地。除了国家的常规保险品种外，慈溪市还专门设置了粮食、大棚、生猪等 15 个农业政策性保险品种，以解决家庭农场的后顾之忧。除此之外，慈溪还通过农业网络信息平台为农场主提供农产品市场信息、免费气象短信、免费农产品检测等综合服务，支持家庭农场的发展。

3. 湖北武汉连片开发、分类经营模式

2011 年，湖北武汉高度响应国家现代农业发展政策，努力转变农业经营模式，积极培育家庭农场，经过两年的运行取得了良好的成效。截至 2012 年年底，武汉拥有家庭农场共计 167 家，每家规模少至 15 亩，多达 500 亩；家庭农场年收入超过 20 万元，人均收入普遍高于全市农民人均水平 10%以上。

武汉家庭农场的特色在于采用了连片开发、分类经营的模式。受到武汉市《2011 年家庭农场项目指南》扶持的家庭农场分为四种类型，均符合现代都市农业的发展要求：①种植业家庭农场，要求流转土地 10 年以上，适度规模种植优质粮食和蔬菜，实行标准化生产；②水产业家庭农场，要求建在城市三环以外，流转养殖水面大于 10 年，名特优养殖品种率 70% 以上；③种养综合型家庭农场，进行种植业、水产业等综合经营（种植业为主），提高土地产出率；④循环农业型家庭农场，以家庭为单位，在规模畜牧养殖农场基础上流转土地进一步发展种植业，实行"养殖—沼—种植"循环经营。四类家庭农场的规模、技术依托、机械化率等也都有明确的规定。这种清晰的分类经营模式，使得武汉家庭农场实现了连片经营，提高了土地（水域）的利用效率。

武汉对于家庭农场的申报、监督、跟踪都非常严格。申报家庭农场项目必须提供项目说明、流转土地合同及相关权证等经过逐级审核才能通过；立项后运行符合要求的农场才可以享受贴息贷款、农业保险等优惠政策；要求通过农场备案、日志监察保证农场有效经营。同时，武汉的家庭农场主要求武汉市农村户籍，要求高中及以上文化水平保证农场的规范运行。武汉正在

成熟的家庭农场基础上不断探索"合作农场""公司+家庭农场+基地"等模式，降低经营风险，提升组织化程度，进一步扩展家庭农场的盈利连带效应。

4. 吉林延边经济组织模式

吉林延边的家庭农场是在2008年《关于推进农村改革发展实施意见》率先提出。农户以资金、农机、土地承包经营权等要素为股本，依法自愿联合形成农业经济组织，开始了轰轰烈烈的家庭农场探索。截至2012年年底，延边共发展家庭农场451个，粮食单产高出全州平均值大约20%，99%实现了盈利，共收获净利润2.04亿元，平均每户45万元。

延边的家庭农场从土地流转、经营主体、优惠政策方面具有突出的特色：

第一，辖区面积超过4万平方公里的延边农业人口只有72万，是典型的地广人稀地区，这为延边实施大规模家庭农场提供了天然优势。原来土地私下流转和低价流转，非常不规范，广种薄收的耕作使农业发展极其受限。为了促进家庭农场的创建，延边从提高土地流转价格入手，加快土地流转。数据显示，延边农村土地流转价格从过去2~3千元/公顷提高到现在5~6千元/公顷。2012年延边土地流转面积76 517公顷，占到家庭承包土地总面积的40.3%。由于土地流转价格提高，农村劳动力也加速转移，这不仅为家庭农场提供了基础，同时极大地促进了延边的城镇化。

第二，延边家庭农场的经营者除了有种植大户、村干部、返乡创业人员和农民专业合作社之外，还允许大学生或城里人雇工经营形成城镇个人创办型农场。其中不仅农民联合为专业合作社，合作社还由吉林省组织联合形成农民专业合作社联合会。截至2012年年末，吉林省共有农民专业合作社3.08万个，共带动全省47%的农户，受益农户达190多万。产业覆盖面广、组织化程度高、带动作用强，这种"抱团"发展依托吉林省农民专业合作社网，在提高合作社产品知名度、拓宽市场、规避风险、增加收入等方面效果非常显著。而大学生甚至是城里人来到农村创办农场，主要通过雇用种植能人搞管理、干生产，打破农业户口限制，市场能力非常强，盈利颇丰。

第三，延边对"家庭农场"采取多方面的政策扶持，归纳为以下6点：①贷款贴息；②保险保费补贴；③资金支持；④税收优惠；⑤农机购置补贴；⑥生产经营用临时建筑物使用许可。为延边家庭农场发展提供了政策保障。延边发展家庭农场，不仅促进了土地流转，更加快了劳动力转移，推动了延边的城镇化，使得城乡一体化发展步伐不断加快。2008—2012 年，延边全州离开土地的农户共有 7 831 个，有 1 万多名农村劳动力向二三产业转移、向中小城镇流入，城镇化率由 64.00% 增加到 67.04%，居吉林省之首。而延边州统筹城乡养老，保证农民进城后有所保障，极大促进了进城农民的市民化，为农民放弃土地解除了后顾之忧。

5. 安徽郎溪示范家庭农场模式

郎溪县位于安徽省东南部，毗邻江苏省和浙江省，辖 7 镇、2 乡、2 个省级开发区。在现代农业的发展中，郎溪较早地探索了家庭农场的经营，在家庭农场融资、注册、农场协会等方面实行了有益的实践，被称为家庭农场发展的郎溪模式。早在 2001 年，郎溪就成立了第一家家庭农场，经过十多年的发展，到 2013 年 7 月，郎溪已有 554 户家庭农场，其中经过工商登记注册的有 363 户。家庭农场经营中，2012 年的年人均纯收入为 28 910 元，是全县农民人均纯收入的 4 倍，城镇居民收入的 2 倍。安徽郎溪家庭农场发展的主要经验是：

（1）在市场引领下，充分发挥农场主的主体地位。郎溪是农业大县，但农业发展一度呈粗放式经营，土地的生产效率不高，农民收入较低，在市场经济的发展中，不少年轻农民利用郎溪紧邻苏浙沪的地理位置选择外出打工，土地抛荒情况较多。这也客观为家庭农场的发展提供了土地来源。在市场的引领下，一些打工农民有土地流转的愿望，而也有一些希望通过土地致富的农民需要扩大土地面积，实现土地的集中，并进行农业的集约化生产和规模化经营。郎溪家庭农场在这样的背景下应运而生。在工业化、城镇化进程中，土地流转条件成熟，家庭农场的发展成为农民自主自愿的选择。郎溪家庭农场出现后，农场主在市场中的主体作用得到了充分地发挥，没有形成单一的发展模式，农场主创造性地产生了类型多样的家庭农场模式，形成了"场市联动""场场联合""场企联盟"等不同的家庭农场经营形式。"场市联动"就是家庭农场直接面对市场，在保持家庭农场主业经营的同时，农场主根据市场的导向，在农场中套种市场需要的农产品。"场场联合"是通过"农场+农场"的新型组合方式，提供一种高效的农业社会化服务，实现不同家庭农场之间的优势互补，互利互惠。"场企联盟"是在市场的引领下，家庭农场与龙头企业为实现合作共赢，以合同为纽带，企业为农场提供"市场"，农场为企业提供生产基地，实行订单化、标准化生产，实现家庭农场与龙头企业的互惠互利。

（2）政府顺势而为，积极扶持，但不"包办"。郎溪家庭农场的发展中，当地政府部门没有过多地干预，而是认定了农业发展的方向顺势而为，进行了积极扶持。政府对家庭农场的扶持主要体现在两个方面：一是出台相关政策对家庭农场发展进行扶持；从郎溪确立了发展家庭农场的基本思路以来，当地政府相关部门陆续制定并出台了《郎溪县家庭农场认定办法》《关于促进家庭农场持续健康发展的意见》《郎溪县家庭农场注册登记实施细则》《关于大力发展家庭农场的实施意见》《郎溪县示范家庭农场认定管理办法》等相关政策，对家庭农场的发展进行引导和规范。二是通过示范农场制的建设，强化了家庭农场的示范效应。2001 年，郎溪第一家家庭农场的成立后，其合理的农业生产结构、可观的经济效益对其他农户的农业生产起到了良好的示范效应，不少农户自发选择了家庭农场的农业生产方式。2008 年，党的十七届三中全会明确提出发展家庭农场之后，郎溪家庭农场更是雨后春笋般地出现，为更好地强化家庭农场的示范引领作用，郎溪县政府相关部门通过"示范家庭农场建设""创建科技示范基地"的方式，促进郎溪家庭农场生产经营向规模化、标准化和品牌化方向发展，2009—2012 年，郎溪已评选出 70 个示范家庭农场。

政府在扶持家庭农场发展的过程中积极引导但不"包办"。当地政府的一位领导曾明确表明要坚持农民主体，政府把该做的事做好。政府搭台，群众唱戏，尊重农民的首创精神，始终让农民当"主角"，体现了当地政府开明的态度。郎溪家庭农场没有政府的"包办"但却在当地政府相关政策的扶持下在安徽全省走在了前列。

（3）家庭农场协会提供帮助。郎溪家庭农场之所以称为示范家庭农场模式，主要原因在于通过成立首个"郎溪县家庭农场协会"，创建科技示范基地、创办示范家庭农场的发展方式。2009 年起，郎溪县连续 3 年安排项目资金 90 万元，每年在全县择优评选 15 个家庭示范农场，每户给予 3 000 元奖励；并从中选取 10 个家庭农场重点发展，每年为每个农场投入项目资金 3 万元。同时，郎溪县农委会还与邮储银行、农信联社合作，为家庭农场发展提供 2 万~5 万元的小额优惠贷款；家庭农场协会成立后，先后组织几十名农业技术干部与家庭农场开展一对一帮扶活动，并通过举办多层次、多类型的培训班让农场主接受专题培训，提高农场主的农业信息化应用水平。郎溪家庭农场协会还全面协助家庭农场做好注册登记工作，对家庭农场实行准入制度，并进行动态管理，两年 1 次复审，促进家庭农场规范健康发展。这种示范家庭农场建设方式最能激发农民劳动积极性，也真正起到了示范作用。

郎溪的家庭农场强调"一村一品"的特产经营理念，推广种苗供应、技术指导、产品销售一体化经营，支持农场树立特色品牌，实现农副产品商标化，形成"商标+家庭农场+合作社"的发展模式。农场通过农机服务组织签订协议，实现生产全程机械化；通过协会的农场信息化网站、示范户多功能一体机实现管理信息化；通过订单式生产、农企上门收购，提高农场效益。郎溪县《促进家庭农场持续健康发展的实施意见》于2013年4月出台，提出简化登记注册程序，确认家庭农场合法地位；创办专业合作社、合作联社，提高农业组织化程度；鼓励农产品商标注册，完善商标富农机制；协调涉农金融机构实施动产抵押贷款，提供金融服务；建立工商部门农村土地承包经营权流转合同监管服务中心，规范农村土地流转；积极培训农场主，提高经营能力和生产水平；建立家庭农场联系帮扶机制，及时解决农场经营困难和问题。这也是郎溪巩固家庭农场经营所采取的有效措施，为郎溪家庭农场的进一步发展指明了方向。

➤ 从典型家庭农场实施案例中得到什么样的经验启示？

通过对我国典型家庭农场的培育发展过程、发展特色特点以及好的做法措施进行总结，我们从中发现了家庭农场的一般规律，也得到了进一步创建实施家庭农场的一些经验和启示。

1. 规范农用土地流转是构建家庭农场的重要基础

构建家庭农场关键在于土地规范流转。必须经过劳动力向外转移、土地连片集中，从而农地规模不断扩大、农场（农户）数量适当缩小的过程，才能形成家庭农场的构建基础，才能保证家庭农场实现规模化、专业化、集约化经营，进一步实现家庭农场提高农业生产效率、增加农民收入的目的和初衷。

2. 国家地方政策扶持是实施家庭农场的有力保障

国家及地方扶持在家庭农场实施过程中起着非常重要的作用。家庭农场在创建初期缺乏经济基础和操作经验，在发展过程中要想提高经营效率同样需要大量的资金、技术、政策支持，政府应当从准入注册、财政、税务、保险等方面提供各种优惠和帮扶，对家庭农场生产经营者提供生产、管理方面的培训，在农资、农技方面加大投入供应力度。

3. 农合组织及社会化服务是培育家庭农场的强大支撑

家庭农场发展需要借助一定的农业合作组织或完备的社会化服务体系。

综观各地农场，不少都通过农民自组织或政府引导成立的农业专业合作社、农业协会等合作组织，实现农产品购销一体化，依托网站实现信息化、网络化，在打造农产品品牌、提升知名度，打开销售市场、拓宽销售渠道等方面起到了非常显著的作用。而完备的社会化服务体系则提供全面的综合配套服务，保障家庭农场的高效运营，效果显著。

4. 因地制宜循序渐进是发展家庭农场的努力方向

各地区的家庭农场由于当地自然环境、城镇化情况有差别、农业发展程度不一，发展过程不尽相同，也形成了各自独特的发展特点和模式。各地在农场规模、经营内容、生产方式以及销售模式等方面都可以有自己的特色，在构建过程中需要注意遵循因地制宜、循序渐进的原则，切勿"一刀切"、追求一步到位，只有探索符合自己区域特征、经济情况的家庭农场培育发展路径，才能在经营发展上健康可持续，才能促进农业现代化。

5. 城乡统筹协调发展是推进家庭农场的合理途径

家庭农场完全可以和城镇化、城乡一体化统筹发展，这一点在吉林延边表现尤为突出。农村劳动力的转移可以促进土地流转，形成大规模家庭农场；而家庭农场的实施又解放出更多的劳动力，促使他们向城镇、向二三产业流动，自然推动城镇化发展。因此在城乡一体化视域下，应当考虑城镇能够为进城农民提供哪些服务和保障，来加速这样的良性循环，解除农民弃地的后顾之忧，推动家庭农场和城乡统筹的全面发展。

第三节　国外家庭农场的发展现状

在世界范围内，家庭农场成为农业生产的基本单位在 19 世纪中期就已经相当普遍，其在农业经营主体中所占的份额在 20 世纪显著上升。纵观世界范围内的传统农业国、转型国家和城市化国家，家庭农场始终是农业生产经营组织的普遍形式，作为一种组织形式，家庭农场的优越性引人注目。从家庭农场的存在形式来看，按照规模大小分为大型、中型、小型家庭农场，其中美国、加拿大等美洲国家的属于大型家庭农场，法国、荷兰等欧洲国家的属于中型家庭农场，地处亚洲的日本、韩国的属于小型家庭农场。在荷兰、日本等人多地少的国家，家庭农场还是发展节地型、纵深型的农地规模化和农业集约化经营的重要途径。

目前，我国的家庭农场发展道路还在摸索之中，但它在国外却已经有了长期的发展历程，并根据各国的自然资源禀赋差异，表现出不同的特点。比较美国、法国、日本等发达国家的家庭农场经营模式，借鉴有益经验，对探寻我国家庭农场的发展路径具有重要的现实意义。

➢ 国外家庭农场发展现状如何？

1. 以美国为代表的大中型家庭农场的发展特点

美国的地域十分辽阔、土地资源非常丰富，美国农业人口530万，仅占全国人口的1.8%。但极少数的农民不仅供给着全美近3亿人的口粮，还让美国成为世界最大的农产品出口国。美国农业发达除了得益于其得天独厚的农业资源优势外，更是与其具有竞争力的农业组织结构、经营机制和生产方式密切相关。美国各类农场中，合伙农场占10%，公司农场占3%，以家庭农场最多，约占到87%。而许多合伙农场和公司农场也都以家庭农场为依托，可以说家庭农场支撑了整个美国的农业。美国家庭农场的形成具有一个长期的历史演变过程。1776—1820年，脱离英国统治宣布独立的美国为发展农业，经过农业生产和经营组织改革，低价出售土地，逐步建立起家庭农场农业经济制度。到1862年，美国又颁布了《宅地法》，通过土地赠予，逐渐实现了土地所有权的私有化。随后经过长期发展，美国家庭农场制度已经非常成熟，具有典型的代表性。综观美国的农场经营，主要体现在以下几方面的特点：

（1）**家庭农场以大中型为主，机械化信息化水平高**。按照家庭农场经营规模分为大型、中型、小型，发展趋势为农场数目减少和经营规模扩大，其中大中型家庭农场约占美国家庭农场总数的71%。除了农产品型家庭农场外，还有一些小型家庭农场因受资源条件和市场发展空间所限，转而发展农林生态型、旅游娱乐型家庭农场。美国农场数量从1935年高峰开始大幅下降，同时规模面积逐渐扩大，到20世纪90年代左右趋于稳定。1935—2002年，数目由681万个降到213万个，平均农场规模由63.05公顷上升到179.43公顷。农场数量下降了68.72%，平均规模扩大了184.58%。在这个过程中，农场数量减少的速度呈现出逐渐变慢的趋势。农场数量的减少、规模的增大提高了农场经营的机械化程度，农业技术、信息技术能够大范围使用，增强了农场作业的精准度和效率。

（2）**产业区域特色明显，产品专业性强**。根据美国地域资源禀赋的差异性和农作物生长的适应性，政府把全美分为 10 个"农业产业带"，如北部平原为小麦带，中部平原为玉米带，南部平原和西北部山区为畜牧带，大湖地区为乳制品带，太平洋沿岸地区为果蔬带等。每个产区只主产 1~2 种农产品，形成农业生产的高度区域化和产品专业化，取得聚集效应。但随着稀缺资源减少和农业生产成本持续上升，导致农业兼业化经营逐渐成为家庭农场经营的重要方式。

（3）**农民职业素质较高，农业社会化服务完善**。20 世纪末，美国州立大学每年都要培养和输送大批高级农技人才到政府农业管理、教育、科研、推广机构、涉农企业等部门，有的直接去当农场主。全美有 3 300 多个农技推广机构和 1.7 万名农技推广人员，经常深入农村对农民开展技术培训，并及时把最新科研成果推广给农户。随着商品化程度提高和农业劳动力减少，农场规模不断扩大，家庭农场只能从事种植业或养殖业的经营管理，种养业的产前、产中、产后服务均由专门的农业社会化服务机构承担，大大促进了农民职业化、农场生产经营专业化和农业服务社会化。

美国农业社会服务体系领机构包括农业部下属的农场服务机构、农产品外销局以及风险管理机构，农民自组织的产业协会也作用显著。其中，农场服务机构是一种农业社区，主要以市场为导向，提供安全的农业食品、纤维，保障健康的经济环境，以维持农产品的高质量。农产品外销局为农产品出口创造便利条件，保障农民利益。风险管理机构通过联邦农作物保险公司为美国多种牲畜和作物提供保险，使得农场在自然灾害引起损失时得到赔偿（农场服务机构也为没有购买保险的农户提供非保险作物灾害援助），以此通过改善农业经济稳定推动国家福利。可以说，风险管理机构是确保农民拥有应对农业风险的金融工具。此外，农民自组织的农业各产业协会通过设立专门的网站提供实用的政策、天气、贸易、市场、新品种、病虫害防治等方面信息，实时更新，提高农场服务的时效性及可靠性，作用非常明显。

（4）**土地流转规范化，政策保护系统完备**。对于国有和私有两类农村土地，美国通过两种方式实现土地使用权、经营权（一般不涉及所有权）的流转。一是出售国有土地，通过出台《土地先购权法》《宅地法》等专门法案来鼓励土地拓荒和开发。二是市场交易，农场主采用这一流转手段来扩大农场规模、加快生产要素有序组合，进而促进农技和管理的利用效率。除此之外，美国还通过各种经济手段和优惠政策（如政策引导、信贷支持、价格补贴、利息调节）来鼓励和诱导家庭农场规模的适度扩大。有效的制度保障、明晰的土地产权，促进了美国的农地规范流转，大大促进了农场的发展。

美国对农产品的补贴更是具有全过程全环节的强大力度。通过休耕补贴，控制农产品供给，避免生产过剩导致农民"增产不增收"；通过生产补贴，按面积和产量对补贴范围内的农作物进行补贴；通过储备补贴，提供储存费以及无追索权贷款，鼓励农场主适当存储部分谷物，保持市场供需平衡；通过出口补贴，对玉米、小麦、棉花、大豆等主要农产品给予补贴，拓展海外市场。农产品补贴措施主要有支持性收购、差价补贴和直接补贴三类。农业补贴政策惠及农民，实现农业发展、农民增收的同时，缩小了城乡差距，推进了城乡一体化。

2. 以法国为代表的中型家庭农场的发展特点

在欧盟地区，法国的农业生产量首屈一指，而且作为世界第二大农产品出口国，其家庭农场经营模式起着至关重要的作用。目前，法国各类家庭农场总数为 66 万个，平均耕地面积与 20 世纪 60 年代相比增加了 157%，约为42 公顷。法国家庭农场以中小型农场为主，大部分的家庭农场只经营一种产品，其中 5% 的农场经营养殖业，8% 的农场种蔬菜，11% 的农场种花卉，60% 的农场种谷物，经营多种产品的农场仅占 16%。随着法国农会和农业合作社的快速发展，单个的农业生产者被紧密地联系在一起，并实现了专业化的分工，这样不仅有利于提高生产效率还可以降低市场带来的风险，有效地保护了农民的利益和农业的发展。

（1）农场规模以中小型为主，生产经营集约高效。法国地少人多，政府立足本国实际、因地制宜，鼓励农户发展中小型家庭农场，使之具有明显的"两多两小"特点：一是农户数量多、拥有耕地面积小。农地面积 10 公顷以下的占农场总数的 56%；二是地块多、面积小。全国农地总面积 3 400 万公顷，已分割成 7 600 万个小地块，平均每块地仅有 0. 45 公顷。这种"两多两小"特点有利于家庭农场应用高新技术发展精致农业、特色农业、有机农业等优质高价农产品，促进农场经营集约化、生产专业化、产出高效化。

（2）商品化生产突出，促进专业化生产经营。法国的家庭农场主要是中型规模，专业化程度很高。专业农场大部分只经营一种产品，分布于谷物、蔬菜、畜牧、水果等领域。专业生产突出了各自产品特点，也提高了产品的质量，方便专业化的管理。法国的农场主更加专注于农场的整体管理，而将农场经营的各个环节分包给各农业企业来处理。这些企业的业务范围非常广泛，不仅负责耕种、田间管理、收获等产中环节，同时涉及运输、储藏、营销等产后环节。这样，农场工作由企业来承担，农业经营逐步商品化，农场主在其中的作用由"生产"变为"经营"，企业里参与劳作的农民也更加的职业化、专业化。

（3）**法律政策、市场中介双管齐下，土地流转制度成功**。法国在 20 世纪早期出台的一系列法律政策，对农地流转中介组织的成立、运行进行了成文规定。如《农业指导法》，提出成立土地整治与农村安置公司对土地收购倒卖进行所有权流转，通过租赁经营实现土地使用权流转，加快了土地的集中。这种市场中介组织在土地收购和转卖过程中操作规范、制度完善，使得法国农地得以顺利流转。相关法律规定了农地农用，避免城镇化进程中的农地流失；规定农地整体出让，避免分割造成的土地二次分散；规范管理土地市场，直接干预、控制土地买卖，有效规范了土地流转。同时，政府给予中等农场土地购买、税收以及贷款等方面的优惠；通过给年老农民发放终身养老金，为受鼓励放弃土地的农民提供生存保障。完善的市场中介组织和完善的法律、法规及政策保障规范了农地流转双方的权利义务，减少了谈判履约成本，降低了交易费用，有效实现了土地的集中，改善了农场结构。

（4）**完善的农业社会化服务体系，保障家庭农场专业化经营**。在法国，农会和合作社比政府农业部更为活跃有效，它们把单个的农业生产者紧密地联系起来，形成了一个巨大的网络。法国的农业合作社出现于 19 世纪末，目的是为了更好地保护农民和农业，抵御市场带来的风险。农会、银行对农民也有多种扶持。法国对农业的补助直接体现在贷款利率上。近 15 年来，尽管政府对农业的直接投资少了，但是法国农业信贷银行的贷款利息却一直在下降。35 岁以下的农业生产者还有机会享受无息贷款。农会还帮助农户建立网站，或者每年定期组织实体农贸市场，帮助农民打通销售渠道。

法国农会成立于 20 世纪 20 年代初，是一个代表农民利益、与公共机构进行对话的民间组织。从 20 世纪 60 年代开始，它逐渐代替政府机关，开始承担农业方面的公共使命，包括制定农业政策，为农业生产和销售全过程提供咨询和服务等。农会主席等主要成员都是农民，由选举产生，农会在全国共分布着 4 200 名成员，负责联络地区范围内的农场，代表本地农民的利益。法国家庭农场按照经营内容大体分为谷物、畜牧、水果、蔬菜、花卉等专业农场，各类专业农场大多只生产一种产品。过去由一个农场完成全部作业如耕种、田间管理、收获、运输、储藏、营销等，现在大多由社会化服务机构承担，促进了家庭农场由自给性生产向商品化生产转变和产前、产中、产后服务的社会化。

3. 以日本为代表的小型家庭农场的发展特点

日本是一个人多地少的发达国家，它的耕地面积仅有 455 万公顷而农业人口却高达 260 万，平均每户的耕地面积不足 3 公顷，因此，日本的家庭农场模式是以小型家庭农场为主。受经营面积的限制，日本虽然无法像美国、加拿大一样进行大规模机械化的生产，但它的家庭农场模式也具有一定的特点，主要体现在两方面：一是利用发达的生物技术，改变贫瘠的土壤，再加上其独特的施肥、灌溉方法，提高家庭农场的生产效率；二是注重自己农场所经营的品牌和农产品的深加工，并已经形成"一场一品、一县一业"的发展模式。每个县、每个农场都有自己独特农产品，并成为地理标志，为大家所熟知，虽然价格昂贵，但仍受消费者的追捧。日本的家庭农场改革重点在于土地流转方面，同时以农业协作为特色。

（1）**政府支持、法律支撑，加快土地流转**。从日本家庭农场的发展历史不难看出，政府在土地流转过程中，发挥了极其重要的作用。三十年间相继颁布和实行的《农地法》《农业基本法》以及《农用地利用增进法》在每一个阶段对农地使用和有效流转都有明确的规定，有效促进了家庭农场的构建和发展。此外，日本还对合作经济组织等中介机构提供相关优惠政策支持，为农场发展提供了良好的保障。

（2）**依靠发展生物技术，改造传统农业**。日本国土面积狭小、土质贫瘠、农地细碎化，因此确立了规模小型化、经营集约化、生产专业化的家庭农场模式。发展生物技术，改造传统农业，优先实施水利化、化学化、机械化工程，并把生物技术的研究、推广和施肥方法改进、土壤改良等放在极其重要的地位，形成集约化、专业化、小型化、高品质的家庭农场特色，显著提高了家庭农场经营绩效，成为亚洲小型化家庭农场的典型代表。

（3）**完善社会化服务体系，支撑家庭农场发展**。日本农业社会化服务形式日益多样化，各种社区性的合作经济组织蓬勃发展，尤其是农业协同组织在日本政府支持下，通过其遍及全国的机构和广泛的业务活动，与农户建立各种形式的经济联系，在产前、产中、产后诸环节促使小农户同大市场对接，对于保护农民利益和日本农业现代化建设发挥关键作用。政府鼓励发展协作企业，通过农田租赁、作业委托协作生产，一方面回避土地集中困难，另一方面提高生产效率。农业振兴管理中心、综合农协、专业农协以及社区营农组织等用以帮助农场之间的协作生产。协作生产经营是日本农场经营的有益尝试，也成为日本农场经营的一大特色。

➢ 推动国外家庭农场发展的因素有哪些？

1. 相关法律的制定为家庭农场经营提供保障

为保障农业的正常生产以及农业经济的快速发展，各国制定了一系列的法律体系。以日本和美国为例，1952年日本《农地法》实施使得土地买卖有了法律保护，确保每户农民都有土地可以耕种，随后又制定了《农业基本法》《农业协同组织法》来保障家庭农场的生产经营。随着日本经济的快速发展，区域间经济发展差异愈演愈烈，为促进落后地区家庭农场的发展，日本陆续出台了《农业保险法》《粮食法》《山区振新法》等法规。至今为止，美国针对土地所有权、融资、信贷、农产品供应、加工和运输等不同方面共制定了31项法律，并且每五年就要修改一次以适应全球农业经济的发展，这些法律明确地指出农场主的权利与义务，为家庭农场的经营管理提供了良好的秩序。

2. 土地是家庭农场进行生产的基础

家庭农场不论其规模大小，要想从事生产经营活动就离不开土地。美国是典型的地多人少的国家，它在独立初期就将大块土地以低价出售给农民，为其建立农场提供了有利条件，土地私有化降低了农业生产成本，提高了农场经营的稳定性。法国为扩大家庭农场面积，实现规模化经营，设立了农业治理协会。这些协会利用政府资金高价收购农民所有的零散土地，将其整合、重新划分成可以规模经营的土地资源，最后卖给农场主。对于地少人多的国家而言，土地资源十分珍贵，属于农民的自有土地很少，若要扩大家庭农场经营规模，主要通过长期租赁国有土地来实现。

3. 农业补贴是家庭农场经营的坚强后盾

在国外，农业补贴是十分普遍的，农业补贴直接关系到农场主的经济效益，家庭农场的发展离不开农业补贴政策。美国每年约投入190亿美元用于农业补贴，主要补贴20种商品化农产品，其中8种粮食作物的面积约占美国总耕地面积的74%，美国农民收入的40%来自于农业补贴。不仅如此，美国对农产品税收也有很大的优惠政策，全美有一半的农场是按最低税率来交税，四分之一的农场属于资源有限农场，是可以免交所得税的。法国的农业补贴主要侧重在生产环节方面，其次是农村发展补贴，这两部分共占总补贴的73.7%，而且根据区域不同，所享受的补贴比率也不同。日本的农业补贴主要体现在无息贷款和为务农人员发放最低生活保证金这两方面。英国则是通过农产品差价补贴来提高农场主的经济收入。

4. 科技支撑推动家庭农场的发展

美国建立了以农业大学为核心的"教学+科研+技术推广"的科技体制，将理论与实践紧密结合在一起，一方面加速农业科技成果的应用，提高农业生产率；另一方面，通过实际的农业生产验证理论知识的正确性和可行性，进而不断修正，使之更加符合生产需要。全美约有1.7万名农业科研人员深入各农场为农民开展培训、提供技术指导。日本的科技体制与美国大致相同，但是其农业技术推广主要是依靠农业协会，其推广路径是"自下而上"的，基本可以做到以农民需求为前提，农民需要什么他们就提供什么。英国家庭农场生产主要依靠农业机械，每个家庭农场都有配套的机械设备，如播种机、收割机、除草机等。农业机械的全面使用使生产达到了规模化、自动化和智能化，降低了从事农业的人口比重，提高了农业生产效率。

5. 社会服务组织分担了家庭农场的重任

美国和法国的社会服务组织相似，主要是农业合作社、私人公司或私人企业。合作社的基本职责是为家庭农场提供农业生产资料和生产技术，私人公司（企业）则负责农产品的加工、运输以及销售。日本采取"家庭农场+农业协同组织"的经营模式，农协兼具了美国农业合作社和私人公司的全部职能。除此之外，农协还可以为家庭农场提供金融信贷服务。德国社会化服务体系最独特之处在于农业服务公司发达的网络系统，利用网络来解决家庭农场生产资料购买、农产品销售问题。在发展农业现代化的过程中，家庭农场只需负责农产品的生产，利用现代科技提高农产品产量，其余一切事务都交由社会服务组织处理，完善的社会服务体系减轻了家庭农场的经营重担，使之更加规范化、专业化。

➤ 国外家庭农场发展对我国的启示

发展具有中国特色的家庭农场不仅要借鉴国外家庭农场的经营经验，还要与我国的基本国情相结合。

1. 加速土地流转，实现区域化生产

在西方国家，土地实行私有制，农民可以相互买卖；但我国实行土地公有制，农民若想扩大农业生产，只能通过租赁土地来进行。而且，我国实行

家庭承包经营制，各家各户都是小片土地进行耕作，很难达到连片的规模化生产，更不利于家庭农场的建立。对此，我国应当加快改革土地流转制度，实现土地流转规范化。在流转过程中不能因为片面追求土地的流转规模与流转速度而强制农民进行土地流转，流转应切实遵循农民意见。在确定家庭农场土地经营规模时应结合本地区的自然条件、农业劳动力水平、农业生产力情况等多方面的因素，实现适度规模经营，不能片面追求超大规模经营。

我国地域辽阔，各地自然资源差异较大。借鉴国外经验，可按地理位置不同来划分生产区域，发展各具特色的专业化家庭农场。例如，内蒙古、新疆、西藏和青海有着广袤的土地和丰富的草业资源，加之人口相对较少，适合发展成畜牧专业化的家庭农场；中北部地区是我国主要的粮食生产区，全国75.4%的粮食产自这一区域，因此，该区域适合发展成粮食专业化家庭农场；东部沿海地区有着丰富的渔业资源，适合发展以水产品为主的家庭农场。

2. 加大补贴力度，完善农村金融服务

在取消农业税之前，我国对农业的补贴力度非常薄弱。目前主要体现在种粮补贴、良种补贴、农机购置补贴和农资综合补贴4个方面，其中只有种粮补贴属于直接补贴。虽然我国在农业补贴方面已有成效，但与发达国家相比，还存在很多不足。针对这一问题，政府部门应当加大财政投入，提高补贴标准。现阶段，可对科技示范类的家庭农场给予特殊的财政补贴或项目扶持。还可以针对农产品品牌建设进行补贴，比如减免商标注册费，对成为省级商标给予一定的奖励等。在信贷方面，要不断完善农村金融服务体系，制定一些优惠政策吸引有能力的公司、企业来帮助农场经营者解决融资难的问题。村镇银行或其他商业银行，可对家庭农场经营业绩、规模以及前景等方面进行分析，为家庭农场提供低息贷款或延长还款期限。

3. 投入科技力量，提高机械利用率

现代化的家庭农场发展离不开两方面，一是科技，二是农业机械。我国可以效仿国外，推广教、研、用一体化的科技体系，加大农业科技人才的培养力度，鼓励农业研发者将先进技术转换为生产力，积极组织农业院校老师、学生进行实地调研，针对各农场的实际问题，提出具体解决方案。在农业机械使用方面，我国与发达国家之间存在着很大的差距。一个加拿大农民可管理115公顷土地，一个美国农民可管理56.5公顷，他们能够完成大面积的农业生产全靠农业机械。农业机械的广泛使用可以使大量务农人员从农业生产中解放出来，这有利于促进家庭农场结构的调整，培养出技术与管理能力并重的家庭农场经营者。

4. 健全社会服务体系，培育高素质的农场经营者

我国农村的社会服务组织缺乏，农业服务水平参差不齐。据农业部数据统计，目前，我国约有 45% 的农村缺乏农业科技服务组织，乡一级和县一级虽然都已建立农业推广服务中心，但多是流于形式，并没有专业人员为农民们提供技术支持，不少专业大户为寻求科技帮助而自己外出找专家。与发达国家完备的社会服务体系相比，我国在农村服务组织上存在很大的差距。我国应努力培育各类社会化服务组织，比如专业合作社、行业协会等，并进行明确分工，使它们充分发挥产前（生产资料供给、技术支持）、产中（农产品生产、加工）、产后（运输、销售）的服务功能，实现"专业化服务公司+家庭农场"或"龙头企业+合作社+家庭农场"的模式。除社会服务体系保障外，农场经营者自身的能力也起到至关重要的作用，不仅要具备农业生产能力、技术设备使用能力，还应具备一些资源管理、市场营销等经营管理能力。农场经营者可通过网络宣传和销售自己的农产品，随着新媒体的快速发展，微博和微信的使用人数逐渐增多，"微商"也可以成为农场经营者的另一种主要销售形式。

参考文献

本刊辑 . 2013. 全国家庭农场达 87.7 万个　养殖业占四成多［J］. 江西畜牧兽医杂志（3）：74.

蔡昉，王德文，都阳 . 2008 中国农村改革与变迁 30 年历程和经验分析［M］. 上海：上海人民出版社 .

崔皓，陈发兴 . 2010. 当前我国农业标准化与农产品质量安全问题［J］. 安徽农学通报（下半月刊），16（16）：1-2.

丁樱，段北生，李菡 . 家庭农场：2013. 让田野充满希望［N］. 宣城日报（A1）.

丁志帆，刘冠军 . 2014. 家庭农场是我国农业现代化发展的现实选择［J］. 农业经济（1）：7-9.

方玉媚，王永清，肖洪安，等 . 2008. 四川水果产业标准化生产面临的问题与对策［J］. 农村经济（4）：53-55.

傅爱民，王国安 . 2007. 论我国家庭农场的培育机制［J］. 农场经济管

理（1）：14-16.

高强，刘同山，孔祥智 . 2013. 家庭农场的制度解析：特征、发生机制与效应 [J]. 经济学家（6）：48-56.

郭熙保 . 2013. "三化"同步与家庭农场为主体的农业规模化经营 [J]. 社会科学研究（3）：15-17.

郭雪娇 . 2015. 家庭农场问题的研究综述 [J]. 经济研究导刊（4）：39-41.

韩志国，邵艳艳，初保垒 . 2014. 家庭农场发展需注意四个问题 [J]. 农村经营管理（3）：43-43.

郝晶 . 2015. 国外家庭农场的发展以及对我国的启示 [J]. 山东青年（6）：154—155.

胡光宇，赵冰 . 2008 年世界发展报告：以农业促进发展 [M]. 北京：清华大学出版社 .

胡伟宏，陈亚萍，祁伯灿 . 2013. 慈溪家庭农场走过十二年 [J]. 农村经营管理（4）12-13.

孔祥智，高强 . 2013 家庭农场迎来春天 [J]. 中国农村科技（3）：26-29.

黎东升，曾令香，查金祥 . 2000. 我国家庭农场发展的现状与对策 [J]. 福建农业大学学报，社会科学版，3（3）：5-8.

刘学明 . 2011. 我国农产品出口遭遇的绿色贸易壁垒分析 [J]. 北方经贸（4）：7-8.

楼栋，孔祥智 . 2013. 新型农业经营主体的多维发展形式和现实观照 [J]. 改革（2）：65-77.

马雯秋 . 2013. 美国发展家庭农场的经验及对我国的启示 [J]. 农业与技术（7）：203-205.

穆向丽，巩前文 . 2013. 家庭农场：概念界定、认定标准和发展对策 [J]. 农村经营管理（8）：17-18.

乔瓦尼·费德里科 . 2011. 养活世界——业经济史（1800—2000）[M]. 北京：中国农业大学出版社 .

汪洋 . 2013 政策"浇灌"给力"三农"——安徽省郎溪县发展家庭农场纪实 [J]. 农村工作通讯（7）14-15.

汪耀明，汪耀祥 . 2015. 家庭农场应发挥"四个示范"作用 [J]. 天津农林科技（1）：43-44.

王永清，肖洪安，罗楠，等．2007．论西南地区水果标准化生产［J］．四川农业大学学报，25（2）：206-210.

肖俊彦．2013．"五化"示范标准打造现代农业——宁波市"法人"型家庭农场调查［J］．中国经贸导刊（11）：45-48.

许庆．2008．家庭联产承包责任制的变迁、特点及改革方向［J］．世界经济文汇（1）：94-97.

于红．2015．我国家庭农场发展中的问题与对策研究［J］．中共青岛市委党校．青岛行政学院学报（1）：79-85.

张进选．2003家庭经营制：农业生产制度长期的必然选择［J］．农业经济问题（5）：46-48.

张磊．2013．家庭农场的实践探索——延边家庭农场模式调研［J］．中国科学报，9（2）：8-10.

张照新，张海阳．2013．家庭农场发展对策［J］．农村经营管理（4）：19-21.

赵慧丽，李海燕，俞墨．2013．家庭农场：宁波模式的形成、特色与挑战［J］．台湾农业探索，6（3）14-17.

朱立志，陈金宝．2013郎溪县家庭农场12年的探索与思考［J］．中国农业信息（7）12-16.

朱学新．2006．家庭农场是苏南农业集约化经营的现实选择［J］．农业经济问题（12）：39-43.

第二章　农业标准化在果品家庭农场经营中发挥的作用

第一节　我国果品生产现状

➤ 目前我国果树栽培面积及产量如何？

果品质量与果树的品种特性、产地环境条件、栽培管理技术等因素密切相关。我国果树资源丰富，果品种类多样，世界上许多果树都起源于我国。目前作为经济栽培的果树有 30 余种，主要包括柑橘、苹果、梨、葡萄、香蕉、桃、荔枝、龙眼、菠萝、李、杏、枣、樱桃等品种。我国是世界第一水果生产大国，其中柑橘、苹果、梨、葡萄、桃等果品产量稳居世界首位，且大量出口，是重要的出口农产品。表 2-1 是来自国家统计局近年来关于我国果园面积、主栽果树面积的最新数据，表中数据显示：我国果树种植面积从 2013 年开始趋于平稳，柑橘、苹果、葡萄、香蕉的种植面积小幅递增。柑橘是我国种植面积最多的果品，其次为苹果、梨，葡萄、香蕉的种植面积较前三种果树较少，种植面积不足 1 000 千公顷。我国水果产业经过调整，苹果、柑橘、梨等三大重要果树树种的栽培比例有所下降，但在水果生产中仍占绝对优势，桃、葡萄、香蕉、菠萝、红枣、柿子的栽培比例有所增加。

表 2-1　2010—2016 年我国果园及各品种果树种植面积数据表

面积 （千公顷）	2016 年	2015 年	2014 年	2013 年	2012 年	2011 年	2010 年
果　园	12 981.55	12 816.67	13 127.24	12 371.35	12 139.93	11 830.55	11 543.85
柑橘园	2 560.80	2 513.00	2 521.30	2 422.20	2 306.26	2 288.30	2 210.99
苹果园	2 323.80	2 328.30	2 272.20	2 272.20	2 231.35	2 177.32	2 139.94
梨　园	1 113.00	1 124.00	1 113.30	1 111.70	1 088.57	1 085.54	1 063.14

（续表）

面积 （千公顷）	2016 年	2015 年	2014 年	2013 年	2012 年	2011 年	2010 年
葡萄园	809.60	799.20	767.20	714.60	665.60	596.93	551.99
香蕉园	407.90	409.10	392.00	392.00	394.70	386.04	357.33

目前国家统计局关于水果产量的数据更新至 2016 年，表 2-1 所示为 2011—2016 年的水果总产量及主要果品的年产量数据。无论是园林水果总年产量还是单一水果的年产量均逐年上升。2016 年园林水果总产量为 18 119.40 万吨，比上年增长 3.7%。苹果、柑橘、梨三种主栽优势果品的产量依旧排名前三位。2014 年世界苹果总量为 8 463.03 万吨，我国苹果年产量为 4 092.32 万吨，占世界总量的 48.4%。2014 年世界梨年产量为 2 579.864 4 万吨，我国梨年产量占世界梨年产量的 69.6%。

表 2-2　2011—2016 年我国水果年产量数据表

产量 （万吨）	2016 年	2015 年	2014 年	2013 年	2012 年	2011 年
园林水果	18 119.40	17 479.60	16 588.20	15 771.30	15 104.44	14 083.30
苹果	4 388.23	4 261.34	4 092.32	3 968.26	3 849.07	3 598.48
柑橘	3 764.87	3 660.08	3 492.66	3 320.94	3 167.80	2 944.04
梨	1 870.44	1 869.86	1 796.44	1 730.08	1 707.30	1 579.48
葡萄	1 374.51	1 366.93	1 254.58	1 155.00	1 054.32	906.75
香蕉	1 299.70	1 246.63	1 179.19	1 207.52	1 155.80	1 040.00
菠萝	158.20	149.54	143.27	138.64	128.71	119.11
红枣	824.05	807.58	734.53	634.00	588.71	542.68
柿子	396.91	379.14	373.08	353.88	341.76	318.72

➢ 目前我国果品的品种结构如何？

20 世纪 80 年代以来，通过引种、新品种选育和推广等手段，我国水果生产突飞猛进，品种结构以及区域布局都有了较大的改善。以苹果为例，目前苹果主栽的优良品种有红富士、新红星、金冠、乔纳金、嘎啦等，栽培比例达 75% 以上，而国光、秦冠等老品种的栽培比例不足 25%。我国柑橘的品种结构趋于优化，主要体现在：甜橙占柑橘总产量的比重由 1990 年的 20% 提高到目前的 30%；宽皮柑橘所占比重相应由 70% 降至 60%。柑橘成熟期分布渐趋合理，11—12 月集中成熟的柑橘由 90% 调整到 75% 左右。2000 年中国柑橘类水果中，甜橙占 32%，宽皮柑橘占 59.5%，柚占 10.6%，柠檬占 0.2%。另外，湖南、广西、重庆等地还开发了一定种植面积的夏橙基地，对丰富水果淡季市场发挥了积极作用。近年来我国逐步推广了很多新品种梨，鸭梨和雪花梨是我国 2 个传统的主栽梨品种。目前酥梨是我国产量最多的品种，产量约 322 万吨，主要分布在皖、苏、豫、晋和陕等省，其次为雪花梨（280.0 万吨）、鸭梨（266.1 万吨）。还有一些小众品种，如黄冠梨、翠冠梨、黄花梨、南果梨、秋白梨、早酥梨、苹果梨、丰水梨、园黄梨、新高梨、黄金梨、绿宝石梨、湘南梨等，这些小品种梨产量之和占我国梨产量的 66.7%。

虽然我国果品质量明显改善，但目前国产水果大小、整齐度、果面光洁度、颜色等商品特性与进口水果相比还有差距。外观质量能达到优质果标准的比例还不高，一般仅为 35% 左右。这既有果园立地条件方面的差异，也有栽培管理的原因。另外，缺乏采后商品化处理也影响了外观品质的改进。

➢ 目前我国果品的产区分布是怎样的？

新中国成立以来，我国果树总体生产布局不断进行调整，生产区域布局渐趋合理，其演变的趋势是由东部沿海向西北黄土高原、西南高地等内陆地区推移，由平原向江河湖海滩涂地、高海拔的山坡地发展，主要经济树种已初步形成了优势产区和丰产高效基地。北方落叶果树类的苹果、梨由东北、华北向黄河故道、秦岭北麓、西南高地延伸。反之，南方常绿果树类的柑橘由华南、东南沿海向偏北和中南、西南内地推移。农业部于 2003 年颁布了苹果、柑橘优势区域发展规划，将渤海湾苹果产业带、西北黄土高原苹果产业带确定为苹果优势产区，将长江上中游柑橘带、赣南—湘南—桂北柑橘带、浙江—闽西—粤东柑橘带以及一批特色柑橘生产基地（简称"三带一基地"）确定为柑橘优势产区。梨是我国的传统优势果品，目前已形成环渤海湾、长江中下游、黄河故道和西北黄土高原四大优势产区，北方产区的产量占全国梨总产量的 78.1%，面积占全国梨总面积的 63.4%。我国葡萄生产发展迅速，产业布局逐渐集中，目前已形成"西迁"、"南移"的发展趋势。我国葡萄生产主要集中于新疆等西北葡萄种植区与黄土高原葡萄种植区，其次是山东、河北等华北葡萄种植区与渤海湾葡萄种植区。随着葡萄育种技术与栽培技术的发展与应用，东南、西南部地区高温多雨的农业生产环境得以改善，江苏、浙江等秦岭、淮河以南亚热带葡萄种植区，云贵高原及川西部分高海拔葡萄种植区的种植面积与年产量继续增长。

➢ 我国果品的进出口贸易情况如何？

总体上看，水果出口贸易额从 1992 年以来经历了三个阶段：2001 年之前稳定增长，2001—2009 年快速增长，以及 2009 年以后的增速下滑。但 2012 年之前，出口额始终大于进口贸易额，从而使净出口额呈现攀升之势。国家统计局数据显示，2012 年我国水果进口额达到 38 亿美元，出口额 37 亿美元，净出口为负。从中国近两年主要水果产品出口量、出口额情况对比来看，尽管产量均有所增加，但出口品种结构却变化不大，苹果、柑橘、梨是传统出口的三大品种。鲜苹果、鲜梨、柑橘主要以东南亚、俄罗斯等周边国家和我国港、澳、台地区为主。我国 2014 年的柑橘产品数据显示：出口柑橘鲜果、干果 97.988 万吨，比 2000 年增长 389.28%；出口金额 11.70 亿美元，比 2000 年增长 2 384.16%；柑橘鲜果、干果贸易顺差为 9.40 亿美元，比 2000 年增长约 50 倍。这表明，虽然我国柑橘鲜果、干果出口增长迅猛，并始终保持净出口国的地位，但是出口量占柑橘总产量的比重维持在 2004 年以来总产量的 5% 上下波动。中国是世界最大的梨出口国，2012 年梨出口总量为 40.0 万吨，出口额为 32 514.3 万美元，分别比 2011 年高 1.7% 和 13.9%。位列我国梨出口前 5 名的国家和地区分别为印度尼西亚、越南、马来西亚、泰国、中国香港。

我国进口水果中鲜果比重大，而其他的加工制品所占的比例很小，这与我国居民主要食用鲜果的习惯有关，对鲜果的需求比较大。在进口的新鲜水果品种中，主要以香蕉、苹果、柑橘类、葡萄以及一些热带水果为主，且各种水果的进口量占世界同类水果进口总量的份额较小，2012 年我国香蕉进口量 62.6 万吨，柑橘进口量 12.6 万吨，苹果进口量 3.5 万吨，在我国进口鲜果中排名前三。我国梨进口量微乎其微。2012 年，我国梨进口量为 0.25 万吨，进口额为 379.3 万美元，分别为 2011 年的 4.71 倍和 3.64 倍。厄瓜多尔和菲律宾是我国香蕉进口的主要来源，约占香蕉进口总量的 80%，柑橘主要来自美国和新西兰，苹果主要来自美国、新西兰、智利。梨仅从墨西哥、比利时、新西兰和中国台湾等 4 地有少量进口，其中从墨西哥进口占 80% 以上，近2年来，樱桃等小果品进口量增长迅速。

➢ 我国果品的质量安全状况如何？

食品安全是影响人类生存和生活质量的重要因素之一，果品安全在食品安全中占有十分重要的地位。我国是世界果品生产大国，种植果树是农民增收的主要途径，果业在农业中具有举足轻重的地位，同时果品又是重要的出口创汇农产品。虽然我国水果栽培面积和产量均超过印度、巴西和美国，位居世界第一位，但是我国果品优质果率较低（30%~40%），达到出口标准的高档果率仅为5%左右，与世界先进国家的果品质量水平差距较大，出口受限的主要因素表现为果实农药残留超标、有害元素污染、检疫性病虫害等。

1. 农药残留

我国是果树种植大国，果树在生长发育过程中不可避免地会遇到各种病虫害侵染，不仅会让果树生长速度减慢，严重时甚至导致果树死亡，直接影响水果销量。目前在果园中最常见的病虫害有：树叶腐烂病、烂果病、早期落叶病、枝干轮纹病、叶螨类、潜叶蛾类、蚜虫类和食心虫类等。

农药是保障果品产量和质量的重要手段和措施之一。但如果过量施用农药会给果品质量安全带来一定的隐患。有些农药会在果品中造成一定的残留，农药残留已成为人类面临的主要食品安全问题，因此世界各国都十分重视果品的农药残留检测。在国际贸易中，因农药残留问题而被限制进出口的事件屡见不鲜。虽然目前国家倡导对果树病虫防治采用生物防治措施，但受价格、药效以及果农传统用药习惯等的影响，大部分果农还主要依赖于化学防治，如果缺乏科学用药意识，化学农药一旦使用不当，很容易导致农药残留超标。

在早些年的农药残留检测中检出农药的种类较多，且高毒农药检出率较高，农药的超标率也较高。如1990年，我国首次进行全膳食研究，对12个省、市、自治区食品中有机磷、有机氯农药残留进行调查，结果发现果品中检出有机氯农药六六六和滴滴涕，检出5种有机磷农药，其中以高毒农药甲胺磷检出率最高。再如1993年，刘炳海等对山东省的苹果进行了农药残留调查，调查结果表明在41份苹果样品中滴滴涕检出率为80.1%，超过最大残留限量样品占75.6%，甲基对硫磷检出率为43.4%，乙基对硫磷检出率为54.7%，总超标率为7.6%，污染严重。近年来随着国家监管力度的增强，明确规定了六六六、滴滴涕、甲胺磷、甲基对硫磷、对硫磷等高毒农药的使用，同时果农的科学管理果园的意识有所提升，我国果品农药残留问题已很大改观，农药的检出率和超标率大幅下降，甚至没有检出，只有少数农药有超标现象，但超标率都不高。徐静等于 2015 年调查了山东省潍坊市 16 个区县超市、农贸市场的 183 份水果中农药残留情况，检测指标涉及有机磷、有机氯、氨基甲酸酯、拟除虫菊酯类共 45 种农药，检出农药残留 28 份，检出率为 15.30%，超标 11 份，超标率为 6.01%。陕西省西安市农产品质量安全检验监测中心对西安市 2013—2015 年的 10 个主要区县的水果进行了农药残留取样调查，包括梨、苹果、脐橙、橘子、猕猴桃、草莓、葡萄、李、桃、西瓜、香蕉等共 304 份，检出率为 23.3%（71/304），超标率为 4.93%（15/304）。尽管农药检出率较高，超标率较低。近年来我国加大了农产品质量安全的风险评估力度，截至 2014 年 8 月，我国农业农村部已建成 98 家专业性、区域性风险评估实验室和 145 家风险评估试验站，国家层面的农药残留标准体系建设已全面展开，将果品中农药残留风险评估作为一种基本制度，对果品中农药残留危害进行预警评估。对多种果品常用农药的风险评估结果表明，果品中农药残留的膳食摄入风险均较低。

2. 重金属污染

农产品中重金属污染问题由来已久，尤其是我国大中城市郊区的重金属污染问题尤为严重。水果重金属污染问题往往是由外界因素导致，主要的污染源有工业"三废"的排放、城市生活垃圾和污泥的剧增、含重金属农药化肥的不合理使用、污水灌溉频繁等，污染源通常通过空气、土壤和灌溉水为媒介，通过直接接触或树体吸收转运等方式直接进入果实，因此常造成水果重金属含量超标。2000 年冯建国等对 45 个苹果园的土壤、灌溉水、果实进行了调查，结果发现土壤和灌溉水中的镉、铅、汞、铬、砷的检出率均为100%，灌溉水中镉和汞分别超标 4.4%、2.2%，同时发现苹果中的铅、镉、砷检出率在 93% 以上，铜、锌、氟、汞、铬的检出率为 100%。肖振林于2010 年对葫芦岛多个钼矿区周边果园的土壤和水果品质进行了调查，选取土壤样本 60 个，苹果、梨等样品共 60 个，调查发现果园土壤重金属污染严重，铅、镍、铜、铬、锌、镉、砷、钼、汞均有检出，且镉和砷的污染最为严重，果园中的水果也随之有重金属的检出，污染程度与土壤污染程度相吻合。2013 年蒋立新测定深圳市市场主要水果中铅、镉、汞和砷等重金属的含量，随机抽取了市场主要水果样品 463 份，调查结果表明深圳市场主要水果中铅、镉、汞和砷等重金属检出率分别为 1.73%、24.41%、0 和 12.74%，不同种类水果重金属检出情况有较大差异，而且苹果中砷和李子中铅有超标情况（超标率分别为4.17%和20.00%）。尽管重金属检出率较高，目前总体上看超标率较低，膳食风险较小。

➢ 存在质量安全问题的原因及应采取措施包括哪些？

1. 果树区域化种植，高效、绿色生产与防控技术需进一步推进

目前我国果树种植还存在产业结构不够协调、苗木繁育体系建设滞后等问题。以苹果为例，非适宜区和次适宜区种植面积仍占一定比例。苹果栽培面积比例过高，苹果产量接近6成，占57%。熟期搭配不尽合理，如苹果晚熟品种约占总产量的80%，且集中在10~12月份上市。我国苹果苗木繁育以个体经营为主，缺乏规模化的正规苗木生产企业，出圃苗木质量参差不齐、品种纯度难以有效保证，脱毒苗和矮化苗的推广受到制约。因此要加大研发抗病性抗自然灾害强的新品种，推广适宜季节上市的新品种。此外，要加强病虫害防治手段，坚持以预测预报为基础，大力推广粘虫胶、诱蛾灯等物理防治病虫害措施，大力推广生物农药、仿生物农药，充分利用天敌防治主要害虫，进一步提高果品质量安全水平。严格依照无公害果品生产技术规范，加速推广普及果品安全生产配套技术，全面实现果品质量安全达标生产。

2. 农药残留仍需进一步加强整治

随着我国农药安全管理工作的加强，水果中有机磷农药残留状况已有所改善，但从调查结果分析，禁用农药的使用仍然存在。我国于1984年发布实施了 GB/T 4285《农药安全使用标准》，并先后发布实施了 9 项 GB/T8321.1—GB/T 8321.9《农药合理使用准则》，明确规定了水果生产上常用农药的剂量、最高用药量、施药方法、安全间隔期等，但生产中仍有人忽视相关规定。针对这一问题，应广泛宣传《农产品质量安全法》《食品安全法》和《农药安全使用规定》等有关法规，相关部门应抓好生产过程中各环节的农药安全使用管理工作，引导农民科学合理使用农药，对水果中禁止使用的农药在农药标签中加注明显标志，要提醒果农注意农药的适用范围和使用标准；同时，向广大消费者宣传食品质量安全及卫生知识，科学的对待果品中农药残留问题，比如，检出和超标是2个不同概念等。此外，应严格农药登记制度，控制市场准入，调整和优化农药产品结构，开发、推广低毒、低残留和生物农药。

3. 果品种植环境污染应采取防控措施

果树生长、果实发育与周围环境有很大关系，空气、土壤、灌溉水受到污染必然会迁移到果树与果实内部。虽然土壤中的重金属会有一定背景值，但一般含量低，不会对果品造成污染。目前引起果品重金属污染的主要原因是来自工业"三废"的排放和农药化肥的施用。比如，大气中的污染物主要来自工矿企业、公路汽车尾气，主要有二氧化硫、氟化物、氮氧化物以及粉尘、烟尘等气体，这些有害气体进入果树体内，造成叶片出现伤斑，抑制叶片的光合作用，使果树枝条溃烂或枯死并影响果树授粉和受精，果实不能正常膨大。此外，化学肥料和化学合成农药是促进作物生长发育必要的营养元素和病虫防治的药剂，但是如果长期无节制使用，进入土壤后不能充分降解，残留在土壤中就成为新的污染源。如 20 世纪 50 年代常用的药剂六六六、滴滴涕以及其他农药中的铬、砷等现在仍能检测出来。化肥施入土壤后如果不能被作物充分利用或被土壤吸附固定，也可能渗透到地下水中，成为新的污染物。其中以磷肥中重金属含量最高，污染也最严重。所以，果园提倡科学施肥和测土配方平衡施肥，最大限度地减少肥料对土壤的污染。

4. 标准法规尚需完善

欧盟研究和发布农药残留法规和标准的历史悠久。从 20 世纪 70 年代开始，就发布有关水果上的农药残留限量标准，规定了 43 种农药活性物质在部分水果和蔬菜上的农药最高残留限量（MRL 值）。欧盟不仅建立了包括水果在内的食品安全法律法规，而且建立了针对进口食品上农药残留检测的快速预警机制。而我国在水果农药残留方面的标准和法规研究较晚，现阶段这方面的法律体系并不健全，许多标准是 20 世纪 80 年代或 90 年代制定和颁布的，而且对大多水果上使用的农药品种没有建立相应的限量标准，特别是对近年来一些新投入使用的农药品种更缺少研究；同时，在小果品水果上登记的农药种类少，果实发生病害时，无药可救时，就会乱投医。因此，应加快制定适应我国国情和地理环境的水果中农药残留限量标准，完善农药登记制度，同时考虑到我国是一个重要水果生产国，一些品种在国际贸易出口中有其独特优势，建议参照国际食品法规要求，制订有利我国水果参与国际竞争的农药残留最大限量标准。

5. 监管机制还需加强

目前，国家果品质量监管监测体系均不同程度存在机构不健全、人员不足等问题，工作人员相对短缺，大部分基层果品监管机构尚未建立。果品质检制度相对也不太健全，缺乏配套规章制度，不能形成健全法律法规体系。随着人们对果品质量安全意识的提高，国家应加大力度建立健全果品质量监管监测体系，充实果品质量安全监管监测队伍，提高其业务技能和综合素质，着力打造业务技术和行业管理能力双过硬的果品质量安全队伍。同时要出台果品质量安全的规章制度，尽快形成政府法律法规为主体、部门规章相配套、地方法规为补充的果品质量安全法律法规体系，建立起长效机制。此外，认真贯彻落实《中华人民共和国农产品质量安全法》，建立完善的果品市场准入和例行监测制度。一是启动果品例行监测项目，确定强制检测的农药残留种类和限量。加强全国果品质量安全普查的力度，做好果品产前、产中、产后各环节的监控，不断提高果品质量安全水平。二是建立监测预警机制和风险评估机制，对农药残留、环境、土壤、水质污染等有害因素进行监测，对果品质量安全信息进行收集、评价、处置，随时向社会发布警示信息。

第二节　果品标准化的作用及现状

➤ 什么是标准？

标准（standard）：为了在一定范围内获得最佳秩序，经协商一致制定并由公认机构批准，共同和重复使用的一种规范性文件。

目的：获得最佳秩序，最合理的、不混乱的、有序的状况。

制定基础：科学、技术成果和经验，协商一致形成文件。

权威：公认机构批准。

特点：共同和重复使用。

➤ 什么是标准化？

标准化（standardization）：为了在既定范围内获得最佳秩序，促进共同效益，对现实问题或潜在问题确立共同使用和重复使用的条款以及编制、发布和应用文件的活动。

标准化活动确立的条款，可形成标准化文件，包括标准和其他标准化文件。标准化的主要效益在于为了产品、过程或服务的预期目的改进他们的适用性，促进贸易、交流以及技术合作。

GB/T 20000.1—2014《标准化工作指南第一部分：标准化和相关活动的通用术语》

标准化不是一个孤立的事物，而是一个活动过程，标准是标准化活动的核心内容，包括制定、实施、修订等。

标准化的作用：

——建立最佳秩序

——改善物品的适用性

——保护安全、健康和环境

——保护消费者利益

——消除贸易壁垒

——实现科学管理和高效率

➢ 什么是农业标准化？

农业标准化（Agricultural Standardization）的概念

观点1：为了在农业范围内获得最佳秩序，对实际的或潜在的问题制定共同的和重复使用的规则的活动。

观点2：就是以农业为对象的标准化活动。

农业标准化：以农业科学技术成果和实践经验为基础，运用简化、统一、协调、选优原理，通过制定和实施标准，把农业产前、产中、产后各个环节纳入标准生产和标准管理的轨道。使用先进的科学技术和成熟的经验将取得经济、社会和生态的最佳效益推广到农户，转化为现实的生产力，达到高产、优质、高效的目的。

➢ 农业标准化在果品产业中发挥什么作用呢？

果品标准化生产就是以果品产业科技成果、生产技术和实践经验为基础，运用标准化原理，通过系列化、模块化、通用化等方法，规范果品生产管理活动，其目的在于获得高产、优质、安全、营养的果品，以达到最佳的经济效益和社会效益。虽然我国水果自1993年起总产量就超过印度、巴西和美国，跃居世界榜首，但是，我国水果贮藏能力只达10%，烂果率高达25%，优质果不到40%，高档果不足5%，总体局面是总量大、质量差、内销不旺、外销不畅，导致我国水果质量不佳的主要原因之一就是忽视了标准化工作，**农业标准化在水果产业中生产、销售、检验、消费、科研等各个环节上都有重要作用。**

1. 在生产环节上的作用

（1）指导果农生产。当前，我国多数地方的水果生产现状仍然是果农一家一户小规模分散经营生产，难以及时、全面、准确地把握果品市场行情，也难以对未来变化情况进行科学的预测，经营上彼此模仿，很容易造成某种果品的相对过剩。水果标准是果品市场的重要信息，因为果品市场价格走势是决定水果种植计划的依据，而果品的价格与质量等级标准密切相关。掌握了标准，果农与市场信息不对称的局面才可以被打破。当果农了解了什么样的产品符合标准，什么样的产品不符合标准，什么质量等级的产品价格高，什么质量等级的产品价格低，才能根据市场需求制订生产计划，并按标准进行操作，产出符合市场需求的果品。

（2）保证果树优良品种的推广。优质品种是果树生产的基础，是实现果树优质、高产、稳产、高效、低耗的首要一关。良种的鉴评要有标准定论，壮苗的分级要有标准衡量。良种壮苗的生产要以标准为技术依据，有果苗标准才能监督果树种苗的产销，防止假苗、劣苗、病苗、弱苗、死苗给果农造成损失。我国现已发布了柑橘、苹果、桃、猕猴桃等国家标准和椰子、龙眼、荔枝、菠萝、腰果、杨桃、葡萄、芒果、梨、香蕉等行业标准。这些标准的发布与实施为果树种苗生产、销售、检验、流通提供了重要的技术依据，可保证果树优质品种的推广。

（3）促进果树栽培技术的提高和普及。从技术角度看，为了生产出符合市场标准的优质果，果树栽培需要采取整形修剪、疏花疏果、套袋、无核化处理等技术措施。标准化栽培将使这些技术得以广泛推广。从标准化角度看，标准化有利于果树科技成果的转化和普及。把果树科研成果和生产经验相融合，制定成操作性强的标准，以标准化形式推广，可以转化科研成果，普及科学知识。标准本身就是农业科研成果的结晶，标准的实施，也就是农业科技成果的推广普及。

（4）提高果农经济效益。分散的果农进行商品交换的方式落后，在市场上往往处于不平等的地位，利益大量流失。很多水果产区个别果农为了早上市、早获益，时常果实未熟就采收。早采的农户暂时抢占了市场，但质量达不到果品标准要求。恶性早采严重影响到该产区果品的整体质量信誉，会造成正常采收的果农的产品滞销。因此，按标准进行产业化经营，统一布局、统一种植、统一管理、统一采收、统一分级、统一包装、统一定价、统一销售才能提高市场的竞争力，提高全体果农的经济效益。果品市场上的果品按标准分等分级销售，等级高的售价高，可以调动果农多生产优质果，从而提高果农收入。标准化还可以合理利用果品资源。等级高、外观好、质量大、色鲜、形美、无表皮缺陷的水果进入鲜果市场销售；而外观差、质量小但内质仍佳的水果，可用于加工成果汁、果酱或其他加工品，提高果品产业的经济效益。

（5）**有利于农业可持续发展**。不合理的开垦种果会导致水土流失。工业废水、废气、废渣的任意排放以及果树生产中农药、化肥的使用不当，会造成果园水源、土壤、大气乃至果品的污染，直接或间接破坏生态环境平衡，危害人体健康。贯彻实施 GB 15618—2008《土壤环境质量标准》、GB 8172—1987《城镇垃圾农用控制标准》、GB 3095—2012《环境空气质量标准》等相关标准，可以起到控制水果产地有害物质超标和保护农业生态环境的作用。近年来无公害食品、绿色食品产地环境标准的实施，不仅为选择安全的水果产地提供了检测依据，也为保护果园生态环境、发展可持续农业提供了保障。

2. 在销售环节上的作用

（1）**调节果品市场供应**。为了贮藏保鲜，一些有可能后熟的水果可适当提早采收，贮藏一段时间后达到晚熟标准后上市。发达国家的水果分级包装厂也一般有果品贮藏库，采收高峰期可以大量收进水果，按标准进行分级处理，一部分马上上市，一部分用于贮藏，后期逐量投放市场，起到调节果品市场的功能。

（2）**促进现代保鲜技术的应用**。为了达到标准所规定的质量要求，水果必须调温、调湿、调气来保持果品新鲜，采用冷库贮藏、冷链物流、冷藏柜销售，按标准等级进行机械化选果、分级、打蜡、包装，从而使得现代科技在水果业中大显身手。日本应用近红外光学检验、声波力学检验、化学试纸检验等无损检验，不仅可以保证每个果品外观质量达到要求，也可以确保糖度、酸度等内质指标符合质量要求。

（3）**改善果品市场交易的秩序**。标准化可以增加市场的透明度，阻止不合格品流入市场、扰乱正常的市场秩序。根据标准等级筛选水果，腐烂果、病虫果、萎缩果、损伤果、畸形果等不合格果品在产区或进入市场前就剔除和清理，合格品上市销售。这也会促进水果交易市场更干净整洁，改善水果市场"脏、乱、差"的局面。

（4）促进果品贸易发展。现代化的果品贸易批量很大。有了果品质量等级标准，买卖双方依据标准洽谈生意、签订合同、交货验货、仲裁纠纷，并可简化交易手续。在标准规范下，果品的运输、交付、贮存、转移、交易可以更加顺利有序地进行。在国际果品贸易中，采用国际标准，有利于克服各国的技术壁垒。不按标准生产，产品不符合进口国的标准要求，就会遭到外方拒收、退货，甚至最后被迫退出国际市场。远距离贸易、期货贸易、网上贸易迫切需要以标准为依据确定果品质量。在美国，当买卖双方不能亲自验货时，美国农业部质量标准官员可为买方或卖方提供第三方检验服务，大大提高了交易效率。

3. 在消费环节上的作用

（1）保护消费者健康和利益。水果现已成为民众必不可少的日常食品，果品的卫生安全牵涉到广大消费者的健康。果品卫生标准可以保护消费者免遭农药、重金属、有害微生物和其他有毒有害物质的危害。卫生安全标准是强制性标准，制定、实施果品卫生安全标准，实现从田间到餐桌全程控制，杜绝不符合卫生安全标准的果品生产和销售，可为消费者筑起一道保护的健康门槛。此外，果品分等级销售，有利于消费者能比较果品质量和价格，购买自己所需的果品，使消费者经济利益得到保护。

（2）方便消费者挑选购买果品。标准化的生产、检验、销售加速了果品的国际流通，使得消费者能购买到符合各种等级标准的各色水果。国际标准一般把水果分成三个等级。这种标准制定的初衷是为了按照果品的等级分别销售给不同收入的消费者，比如将特等品供给高收入消费者、一等品供给普通消费者、二等品供给低收入消费者。水果加工品包装上按标签标准标注的营养成分、保存方式、食用方法、保质期限等信息，有利于消费者购买和正确消费。

（3）延长果品保鲜期限。按照水果包装标准包装水果、采用符合卫生标准的保鲜剂或辐照处理水果、按照标准规定的温度和湿度贮藏运输果品等标准化手段，可以延长新鲜水果的贮藏期，消费者就可以在更远距离外、更长时间内购买和食用自己青睐的水果。

4. 在科研环节上的作用

（1）正确分析果品质量，有利科研成果共享。采用统一的方法标准检测水果感官、理化、卫生指标，有利于比较分析果品质量，使有关果品品质科研所得的数据减少误差、误判，提高准确性，增强了数据的可比性。ISO 制定了水果各种成分的分析方法标准，如可滴定酸、可溶性固形物、水不溶性固形物含量、pH 值等测定的标准。水果专业术语标准化、水果名称标准化等可以统一水果业中交流的语言，避免彼此之间产生误解，正确表述果品的特性和质量，有利于科研成果共享。

（2）规范果树病虫害的农药试验。GB/T 17980《农药田间药效试验准则》系列标准中规范了各种果树上各类杀虫剂、杀螨剂、杀菌剂、除草剂、植物生长调节剂等农药田间试验方法和内容。例如，GB/T 17980.39—2000《农药田间药效试验准则（一）杀菌剂防治柑橘贮藏病害》就规定了杀菌剂在防治柑橘青霉病、绿霉病、黑色蒂腐病和褐色蒂腐病等贮藏病害的药效试验的方法和基本要求。

（3）引导科技工作者选育、培育和引进新的果树品种。果树科技工作者可以根据果品标准了解市场行情，也可以通过查阅国际标准了解掌握国外水果品种的信息。果品质量标准一般规定了果实大小、形状、色泽、鲜度、风味、整齐度、缺陷等要求，这为果品品种间特异性、一致性、稳定性的判定提供了依据。科研人员可根据标准所定要求，分析果实遗传学特征，向果大、色鲜、香浓、味美、籽少、耐贮运、抗病虫害的目标选育、培育和引进果树新品种，以满足水果生产和市场发展的需要。

➤ 目前涉及果品的标准有哪些？

截至 2014 年，我国涉及果品的国家标准和行业标准共 1050 项，其中农业行业标准占 36.86%，出入境检验检疫行业标准占 29.14%，国家标准占 22.76%，林业行业标准占 7.33%，国内贸易行业标准占 2.48%，气象行业标准占 0.76%，机械行业标准、供销合作行业标准、国家环境保护标准、轻工行业标准、水利行业标准等其他标准共占 0.67%。这些标准中，推荐性标准占 96.4%，强制性标准占 3.2%，指导性文件占 0.4%。标准名称涉及 70种果树和果用瓜，其中含柑橘、苹果、梨、葡萄、香蕉、枣和核桃的标准均超过了 20 项，分别达到 86 项、69 项、39 项、37 项、37 项、27 项和 25 项；含食品和水果的标准分别达到 181 项和 125 项。

在我国现有的果品标准中，方法类标准最多，其次是产品类标准和生产管理类标准，第三是种质资源类标准和环境安全类标准，物流类标准、基础/通用类标准和质量追溯类标准均不多。其中，方法类标准包括病虫检测、病虫检疫、病虫监测、果品检测、果品检验、果品检疫、种苗检疫、疫情监测、环境监测等方面标准。产品类标准包括安全限量、产品卫生、产品质量等方面标准。生产管理类标准包括生产栽培、投入品使用、良好规范、果园规划、质量控制、果品加工等方面标准。种质资源类标准包括 DUS 测试、品种鉴定、品种审定、品种试验、种质资源保存、种质资源鉴定、种质资源描述、种质资源评价等方面标准。环境安全类标准包括产地环境、非疫区建设、投入品等方面标准。物流类标准包括包装、标识、贮运、购销等方面标准。基础/通用类标准包括词汇、术语、分类、编码、代码、通用要求等方面标准。

> ## 我国果品标准化面临的问题有哪些？

1. 标准制定碎片化

主要反映在分品种制定产品标准、分种类制定病虫害防治标准、分区域制定生产技术标准。①在分品种制定产品标准方面，以梨为例，既制定了综合性产品标准 GB/T 10650—2008《鲜梨》，又分品种制定了 NY/T 1076—2006《南果梨》、NY/T 1078—2006《鸭梨》、NY/T 585—2002《库尔勒香梨》等 7 项产品标准；②分种类制定病虫害防治标准的现象日趋明显。以苹果为例，既制定了综合性的标准 NY/T 2384—2013《苹果主要病虫害防治技术规程》，又制定了 NY/T 60—2015《桃小食心虫综合防治技术规程》、NY/T 1610—2008《桃小食心虫测报技术规范》、NY/T 2684—2015《苹果树腐烂病防治技术规程》等单一病虫害防治标准；③在生产技术标准方面，主要存在分区域制定标准的问题。以苹果为例，既制定了全国性的 NY/T 441—2013《苹果生产技术规程》，又制定了区域性标准 NY/T 1083—2006《渤海湾地区苹果生产技术规程》和 NY/T 1082—2006《黄土高原苹果生产技术规程》。有相同内容的技术或参数，在不同标准中不一致的现象。

2. 标准交叉现象普遍

标准重复交叉主要反映在规范对象和适用范围部分或完全重合。以枣为例，仅干制红枣就制定了 4 项标准，包括 GB/T 5835—2009《干制红枣》、LY/T 1780—2008《干制红枣质量等级》、GB/T 26150—2010《免洗红枣》和 NY/T 700—2003《板枣》；鲜枣标准则制定了 3 项，即 GB/T 22345—2008《鲜枣质量等级》、LY/T 1920—2010《梨枣》和 NY/T 871—2004《哈密大枣》。又如苹果，制定了 SB/T 11100—2014《仁果类果品流通规范》、GB/T

10651—2008《鲜苹果》、NY/T 1793—2009《苹果等级规格》、NY/T 1075—2006《红富士苹果》、GB/T 23616—2009《加工用苹果分级》、NY/T 1072—2013《加工用苹果》等6项产品标准，前3项标准之间和后2项标准之间，在规范对象和适用范围上均存在高度甚至完全重复和交叉。又如苹果蠹蛾检疫鉴定，GB/T 28074—2011《苹果蠹蛾检疫鉴定方法》和SN/T 1120—2002《苹果蠹蛾检疫鉴定方法》同在。

3. 标准缺失问题突出

果树苗木标准一般应包括繁育技术规程、产地检疫规程、产品标准、脱毒技术规范、病毒检测技术规范、无病毒母本树和苗木检疫规程等标准，但目前多数果品仅有其中一项或数项标准，甚至一项都没有。以梨为例，仅有NY/T 2681—2015《梨苗木繁育技术规程》、NY/T 2282—2012《梨无病毒母本树和苗木》和NY 475—2002《梨苗木》。缺乏营养诊断标准是导致果园肥料施用不合理的原因之一。目前，果品生产中肥料施用主要凭经验，不合理施用现象普遍，主要体现在施肥种类和施肥量不合理，既对果园环境、果品产量和品质造成了非常不利的影响，还增加了生产成本。另外，果品包装标准也普遍欠缺，目前仅制定有GB/T 13607—1992《苹果、柑橘包装》、NY/T 1778—2009《新鲜水果包装标识通则》，致使水果包装技术、包装容器和包装材料缺乏规范。

4. 标准规定的对象比较笼统

目前我国制定了几乎所有农药在食品中的最大残留限量值，但是大部分农药的限量值覆盖的树种不全面，在水果中仍主要实施大水果限量分类的方式，不够细化，而发达国家或组织的限量指标已经规定到具体树种。比如在我国标准中，苯线磷、敌百虫、地虫硫磷、对硫磷等32种农药完全按水果大类进行规定。在我国规定的206种农药在水果中1 132项最大残留限量中，按水果大类制定的限量有柑橘类水果59项、仁果类水果81项、核果类水果59项、浆果和其他小型水果47项、热带和亚热带水果43项、瓜果类水果60项、干制水果3项，占所有水果中限量指标总数的31.1%。而实际生产过程中，不同树种上农药的使用方式和降解规律是有差异的，因而针对不同树种规定相应的指标才是科学的。

5. 常用农药最大残留限量值缺失

在我国标准中，常用农药最大残留限量值缺失比较普遍。比如针对猕猴桃树种的农药最大残留限量，欧盟409项，日本274项，韩国57项，而我国仅有 11 项。再如苹果中农药最大残留限量，欧盟 404 项，日本 350 项，韩国 167 项，我国 92 项。再如桃的农药最大残留限量，欧盟 393 项，日本 331 项，韩国 129 项，我国 29 项。由此可见，我国许多水果中不同农药残留限量指标目前仍无标可依。最大残留限量值的缺失直接影响到产品合格率判定的准确性，进而影响全面、正确地衡量我国果品质量安全的现状。这就有待于今后不断完善标准，逐步缩短我国限量标准与国际标准及发达国家标准之间的差异。

6. 农药最大残留限量标准适用性差

和其他国家相比，我国规定的部分农药残留限量指标偏高。比如我国多效唑的限量为 0.5 毫克/千克，是韩国、南非规定的多效唑在油桃和桃中的限量标准（0.05 毫克/千克）的 10 倍，是澳大利亚、新西兰规定的多效唑在核果类水果中的限量标准（0.01 毫克/千克）的 50 倍。再如我国猕猴桃中乙烯利限量为 2.0 毫克/千克，大于日本（0.5 毫克/千克）的 4 倍，是澳大利亚（0.1 毫克/千克）的 20 倍，是欧盟（0.05 毫克/千克）的 40 倍。我国猕猴桃中氯吡脲限量为 0.05 毫克/千克，是澳大利亚（0.01 毫克/千克）的 5 倍。农药最大残留限量标准适用性差，这种情况对我国向这些国家出口水果是很不利的，有可能国内检验合格的产品在出口国检验不合格。有必要进一步完善我国水果限量标准，以减少出口市场国家采用污染物限量技术性贸易壁垒。

第三节 家庭农场果品标准化生产经营体系运行模式

➢ 什么是果品标准化生产经营体系？

果品标准化生产经营体系是以果园基础标准、种苗标准、果品标准、生产技术规程等为主要内容，通过制定和实施标准，运用"统一、简化、协调、选优"的原则，将果品生产的产前、产中、产后各个环节纳入标准生产和管理的轨道，实现果品生产经营的全程标准化控制。

➢ 什么是果品标准化生产经营体系建设？

果品标准化生产经营体系建设是以果业科技成果、生产技术和实践经验为基础，运用标准化原理，通过系列化、模块化、通用化等方法，规范果业活动，获得高产、优质、安全、营养的果品，实现经济效益和社会效益最大化的综合性管理手段。

➤ 农业标准化在果品家庭农场经营中发挥什么作用呢？

没有标准化，就没有农业现代化。农业标准化既是促进农业结构调整和产业化发展的重要基础，又是规范农业生产、保障食品安全的有效措施，只有科学化管理、标准化生产、规模化经营、产业化发展才能促进家庭农场的健康、稳定、持续发展，以果品生产为主的家庭农场尤为如此。

我国加入世界贸易组织（WTO）后，果品产量迅速提升，但出口销售量并未随之大幅增长。什么原因导致这种结果呢？欧盟、美国和日本等发达国家的食品限制标准有几千项，根据《WTO/TBT协议》（世界贸易组织技术性贸易壁垒协议）和《SPS协议》（实施卫生与植物卫生措施协定）的规定，出口产品执行的是国际通用标准或者进口国标准，而我国现行的食品限定标准与国外同类标准相比还存在较大的差距，我国所生产的果品未能完全符合国外标准，造成我国果品的出口频遭封堵，因而我国虽然是水果生产大国，但却是水果出口小国。同时随着整个社会生活水平的提高，人们的消费需求、消费理念和消费方式也发生了极大的变化，消费者如今更讲究果品的质量，他们重视营养均衡和健康，并将果品消费从生活享受开始转变为生活必备品，季节消费转为常年消费。是否绿色、是否新鲜、是否高品质也成为消费者购买果品时的选择条件。"技术壁垒"和"绿色壁垒"已成为制约我国果品产业发展的瓶颈。虽然，近年来我国已加快了标准化生产经营体系的建设进程，但是仍相对落后，果品生产者缺少约束和技术指导，影响了我国水果产品的质量和果农的增产增收。

以果品的出口作为着眼点，以果品的品质提升为抓手，全面推进果品标准化生产经营体系的建设，使家庭农场的标准化生产经营不断与世界接轨，适应国际贸易的需要，有助于提高家庭农场主的生产技术水平和果品生产的经济效益，有助于提高果品的质量和安全水平，有助于提高果品的市场竞争力，有助于解决小生产与大市场之间的矛盾，提高果农应对市场风险的能力，同时也有助于提高水果生产的产业化水平，可突破技术壁垒，突破绿色壁垒，最终实现家庭农场经营者的增产增收。

➢ 家庭农场果品标准化生产经营体系有什么特点？

家庭农场果品标准化生产经营体系主要有以下 4 个特点。

1. 标准化

我国是果业生产的大国，但是与发达国家相比，在果品外观、内在品质及包装、贮运等方面均存在较大差距，我国果品的标准化体系建设相对落后是造成这种现象的主要原因。家庭农场以生产高品质农产品，实现收入最大化为首要任务，在果品标准化生产经营体系的建设中应注重果品标准化生产技术和管理技术的应用，结合家庭农场自身的果品特色，在产前、产中、产后充分利用最新的质量安全管理规程、种植技术规程、果实采后技术规程、良好农业规范等标准技术规范生产和经营行为，以最大程度地提高家庭农场的果品质量，增强竞争力，实现优质优价，提高家庭农场的经济效益。

2. 专业化

家庭农场是我国农业的发展方向，现代农业的发展离不开先进的农业科学技术。家庭农场经营者及家庭成员通常具有一定的专业基础或实践经验，有利于开展新技术的学习和培训，为家庭农场进行水果新品种、新技术、新农机等的推广应用创造了有利条件。同时家庭农场通常专注于某一种或某一类果品的生产及销售，充分利用家庭成员的专业文化素质优势和产业专一性的优势，可加快果品新技术、科技新成果转化为农业生产力，有利于果品质量的提升。为家庭农场增产增收。

3. 规模化

家庭农场作为农业家庭经营制度的完善与创新，通过依法、自愿、有偿流转土地，实现土地大量向专业水平高、经营状态佳的大型果品农场主集中，从而完成家庭农场的规模化经营，为提高家庭农场的经营效率，农业新技术的推广应用创造了优越条件。

4. 商品化

家庭农场作为一种新型经营主体，以营利为最终目标，根据自身的特色找准产品定位，熟悉市场运作，搭建销售渠道，加强品牌建设，加大品牌营销推介力度，并具备企业化和独立核算的现代化经营体制构架，能够与果品加工企业、超市、贸易市场、周边市场等实现良好对接，实现家庭农场经济效益的最大化。

➤ 家庭农场果品标准化生产经营体系的认证方法？

1. 良好农业规范（Good Agricultural Practices，GAP）

GAP 是 Good Agricultural Practice 的英文缩写，即良好农业规范。GAP 主要针对种植业和养殖业分别制定和执行相应的操作规范，鼓励减少农用化学品和药品的使用，关注动物福利、环境保护和工人的健康、安全和福利，保证初级农产品生产安全的规范体系。欧盟的良好农业规范（EUREPGAP）是欧盟市场农产品准入的通行证，2003 年 4 月国家认监委首次提出在我国食品链源头建立"良好农业规范"体系。我国的良好农业规范是参照欧盟良好农业规范标准的控制条款，并结合中国国情和法规要求编写而成。2006 年 4 月，国家认监委与 EUREPGAP/FOODFULS 正式签署《中国良好农业规范（ChinaGAP）认证体系与 EUREPGAP 认证体系基准性比较问题谅解备忘录》，如果我国农产品通过良好农业规范生产，认证后达到一级，等同于 EUREPGAP 认证，就会被欧盟市场认可，进入他们的高端市场，提高国际市场的竞争力。2006 年我国制定了《良好农业规范（GAP）认证标志管理程序》（CQC/QPZHO2（GO2）—2006)，标志见图 2-1。

图 2-1 良好农业规范认证图标

我国 GAP 的发展现状：为进一步提高农产品安全控制、动植物疫病防治、生态和环境保护、动物福利、职业健康等方面的保障能力，优化我国农业生产组织形式，使我国农产品种养殖企业能够适应国际良好农业规范认证活动，2004 年由我国农产品专家起草了 China GAP 国家标准（GB/T 20014.1—2005《良好农业规范》）。中国国家 GAP 标准的制定结合中国的实际情况，同时兼容国际标准的具体条款、控制点和符合性标准及其规则，目的是改善中国目前农产品生产的现状，增强消费者信心，提高农产品生产保障，确保农业的可持续发展。

我国的 GAP 标准的建立考虑了我国的农业生产特点，创新和丰富了国际 GAP 标准。将认证分为两个级别的认证：一级认证与 GLOBAL-GAP 认证（全球良好农业操作认证）的要求一致；二级认证考虑了我国实际农业生产要求。标准体系的创新既保证了 GAP 在我国的适用性，也为消除国际贸易壁垒奠定了基础。

良好农业规范系列国家标准的基本内容：包括 4 个方面：①对食品安全危害的管理要求，采用危害分析与关键控制点（HACCP）方法识别、评价和控制食品安全危害。HACCP 是 Hazard Analysis Critical Control Point 的英文缩写，意为"危害分析和关键控制点"，是国际上共同认可和接受的食品安全保证体系，主要是对食品中微生物、化学和物理危害进行安全控制。HACCP 体系包括 7 项原理：危害分析；确定关键控制点（CCPs）；确定 CCPs 的关键限制；建立 CCPs 的监控体系；当监控表明某个 CCP 失控时，采取纠偏行动；建立验证程序以确保 HACCP 体系有效运行；建立关于 HACCP 原理及其应用的所有过程和数据记录的文件系统。HACCP 以预防为主，食品工业自原料生产、接收、加工、包装、储存、运输、销售至食用的各个环节和过程都可能存在生物的、化学的、物理的危害因素，应对这些危害存在的可能性及可能造成的危害程度进行分析，确定其预防措施及必要的控制点和控制方法，并进行程序化控制，来消除危害或将危害降至可接受水平。在种植业生产过程中，针对不同作物生产特点，对作物管理、土壤肥力保持、田间操作、植物保护组织管理等提出了要求；在畜禽养殖过程中，针对不同畜禽的生产方式和特点，对养殖场选址、畜禽品种、资料和饮水的供应、场内设施设备、畜禽健康、药物合理使用等方面提出了要求。②对农业可持续发展的环境保护要求，通过要求生产者遵守环境保护的法规和标准，营造农产品生产过程的良性生态环境，协调农产品生产和环境保护关系。③员工的职业健康、安全和福利要求。④良好农业规范系列标准陈述了农场良好农业规范的框架，对发展果蔬、联合作物、畜禽产品的农场良好操作规范提出了控制要求和相应的符合性标准，标准作为认监委的基本依据来评估我国农场的良好操作，并且为它的进一步发展提供指导。

2. 有机农业

有机农业有别于化学农业和传统农业，但又源于自足的传统农业。英国农学家阿尔伯特·霍华德最早于20世纪30年代提出有机农业，从循环利用动植物的有机腐殖质的角度，提出以有机农业代替现代集约化农业的新农业耕作法。与此同时，美国土壤学家富兰克林·金在《四千年农夫》一书中积极倡导向中国农民学习，认为中国传统农业以豆科植物为中心的合理轮作、施用厩肥、堆肥等8个方面值得美国农民借鉴。于是被尊称为美国有机农业之父的罗代尔在1942年出版了《有机农业和园艺》杂志，并在1945年创办了美国第一家有机农场。1972年国际最具影响力的有机农业组织"国际有机农业联盟"（International Federation of Organic Agriculture Movements，IFOAM）在德国成立，正式拉开了全球有机农业的序幕。由此可见，有机农业是20世纪70年代发展起来的一种符合现代健康理念要求的农业模式，IFOAM对有机食品下的定义是：根据有机食品种植标准和生产加工技术规范而生产的、经过有机食品颁证机构组织认证并颁发证书的一切食品和农产品。**我国有机农业工作者将有机农业定义为：**在作物种植和畜禽养殖过程中不使用化学合成的农药、化肥、生长调节剂、饲料添加剂等物质，以及基因工程生物及其产物，而是遵循自然规律和生态学原理，主要依靠当地可利用的资源，提高自然中的生物循环，协调种植业和养殖业的平衡，维持农业生态系统持续稳定的农业生产方式。其核心是建立良好的农业生态体系，以有机物质的自我补充为土壤培肥的基础，利用抗病虫品种、天然植物性农药和杀虫生物制菌剂以及耕作法、物理法和生物法等手段防治病虫害。

有机食品比绿色食品和无公害食品的生产和加工标准要高。根据欧盟颁布的NO2092/91《农产品有机生产法令》和美国《联邦有机食品生产法》的要求，有机食品的标准为：原产地无任何污染；栽培有机农产品的土壤在最近3年内未使用过任何化学合成的农药、肥料、饲料、除草剂和生长素等；生产过程中不使用任何化学合成的农药、肥料、饲料、除草剂和生长素等；加工过程中不能出现或使用以石油化工为手段提炼的添加剂、人工色素和有机溶剂等；贮藏、运输过程中也不能出现受到化学物质如除菌、保质、除虫等投入物的污染；生产原地、生产过程、产后运输、贮藏、流通、消费等各个环节都必须符合国家有关有机农产品的要求和质量标准。有机食品主要包含有机食品原料（含有机农产品）和有机深加工食品两大类。根据IF-OAM有关有机农业和有机食品生产的基本标准，**有机食品通常需要符合以下条件：**①其原料必须是来自有机农业的产品和野生没有污染的天然产品；②必须是按照有机农业生产和有机食品加工标准而生产加工出来的食品；

③加工出来的食品必须是经过有机食品颁证机构组织进行质量检查，符合有机食品生产加工标准并颁发证书的食品。

（1）我国有机农业和有机食品的发展历程。出于保护环境、资源、人体健康和对农业可持续发展的思考，受国际有机农业浪潮的影响，中国有机农业开始于20世纪80年代，较发达国家起步晚，经历了初始、发展、规范化3个阶段。国外认证机构在20世纪80—90年代进入中国，开启了中国有机农业初期阶段。1984年中国农业大学在全国最先开始进行生态农业和有机食品的研究和开发。1990年，浙江省首次出口有机茶叶到荷兰。此后，浙江省的裴后茶园和临安茶厂获得了荷兰SKAL有机颁证，这是中国农场和加工厂第一次获得有机认证，同时相关的理论研究工作也在许多高校及科研院所同步开展。

1994年，国家环境保护局南京环境科学研究所的农村生态研究所改组成为"南京国环有机产品认证中心"，有机食品发展中心（Organic Food Development Center，OFDC）作为我国第一个有机食品研究、发展和认证的专业机构成立，该机构的成立标志着我国有机食品和认证管理工作的开展。1995年国家环境保护局发布了《有机（天然）食品生产和加工技术规范》和《有机（天然）食品标志管理章程》，我国有机产品认证标志如图2-2所示。同时，为了加强对有机食品生产和认证的技术监督力度，我国成立了有机食品发展监督委员会和有机食品认证委员会。

图2-2　中国有机产品认证标志

2002年11月1日，以《中华人民共和国认证认可条例》的正式颁布实施为起点，有机食品认证工作由国家认证认可监督委员会统一管理，我国有机食品进入规范化发展阶段。2005年4月1日，国家标准GB/T 19630—2005《有机产品》正式实施，自此，我国有机食品产业进入有标准可依的发展阶段。2006年，中国合格评定国家认可中心（China National Accreditation

Service for Conformity Assessment，CNAS）正式成立，并于 2009 年发布 CNASSC22：2009《实施有机产品认证的认证机构认可方案》。2012 年 3 月，我国正式实施了 CNCA-N-009：2011《有机产品认证实施规则》，国家质量监督检验检疫总局于 2014 年 4 月正式发布实施（总局令第 166 号）《有机产品认证管理办法》。随着有机产品标准和技术规范的逐步完善，我国有机产业进入规范化、法制化发展的轨道。

（2）我国有机农业和有机食品现状。2014 年 9 月 22 日，国家认证认可监督委员会发布了《中国有机产业发展报告》，根据累计发放的约 1 万张有机产品认证证书统计出的数据显示，截至 2013 年年底，获得认证的有机生产总面积 272.2 万公顷，占 1.212 亿公顷耕地面积的 0.95%，其中有机种植的面积为 128.7 万公顷，野生采集总生产面积为 143.5 万公顷。从 2005 年至今，我国有机种植面积经历了逐年增长后平稳发展的过程，从 2005 年的 46.5 万公顷逐年增加到 2009 年的 94 万公顷，增幅将近 2 倍，之后虽有增长但基本维持在 100 万～120 万公顷。与此同时，我国有机作物产量整体呈增长趋势，2005 年的有机产品产量约为 278 万吨，2009 年增长到 415 万吨，2013 年增长到 673 万吨。我国有机产品每年销售额为 200 亿～300 亿元，已成为全球第四大有机产品消费国。

我国有机农业相对于世界其他国家是比较落后的。目前，虽然中国的有机农产品市场份额和耕种面积分别列世界第三位和第四位，但相对于中国农产品总量，占比较低，其总量占农产品销售总额的 0.1%。据有关资料，2013 年中国有机农产品的人均消费不足 20 元。而美国 2007 年有机农产品占农产品商品占总价值的 38.4%，2010 年有机农业面积占全美总耕种面积的 14.4%。欧美日等国家和地区，当下有机食品销售量占到全部食品总量的 30% 左右。目前我国有机生产组织模式的主要形式是"公司+农户"。事实证明，这是一种比较适合在我国发展的有机农业生产模式，但具体的组织管理形式仍然需要不断改进。和发达国家相比，中国农村人口众多，人均耕地少，决定了其农业生产规模小、经营分散的主要特征，由于认证成本、市场准入以及市场风险等原因，单一农户难以进行有机农业生产，以公司为龙头，"公司+农户"就成为有机农业生产的必然选择。因而，由一个贸易公司，特别是兼有加工与贸易双重职能的公司与小农户集体签订有机生产合同，负责以议定的价格收购产品，并负责指导和监督小农户集体的生产，直至采取由公司统一供应所有农用物资，派出公司人员常驻生产基地进行管理等措施，从而确保生产的有机完整性和可靠性。

3. 绿色食品

20世纪90年代初期，国际社会共同倡导走可持续发展的道路，中国城乡居民生活水平开始由温饱向小康迈进，农业转向高产优质高效方向发展。在这个背景下，我国于1990年根据国情提出了绿色食品概念，所谓绿色食品，是指从生产、加工、运输、贮藏到销售过程中无任何有毒有害物质污染、无毒、安全、优质，能提供人类生活所需的各种食品的总称。中国发展绿色食品，从选择、改善农业生态环境入手，通过在种植、养殖、加工过程中执行特定的技术规程，限制或禁止使用化学合成物质及其他有毒有害生产资料，并实施"从农田到餐桌"全程质量监控，以保护生态环境，保障食品安全，实现农业可持续发展。

（1）我国绿色食品的发展现状。我国绿色食品自1990年启动已走过了近30年的历程，获得了长足发展，总量规模逐年扩大，市场影响不断增强，示范带动作用日益明显。依托品牌，绿色食品已形成了一个从基地建设、投入品推广，到产品开发、市场营销较为完整的产业体系。截至2015年年底，全国绿色食品企业总数达到9 579家，产品总数达到23 386个，年均分别增长8%和6%。经过中绿华夏有机食品认证中心认证的企业达到883家，产品达到4 069个。绿色食品产品国内年销售额由2010年年末的2 824亿元增长到4 383亿元，年均增长9.2%，年均出口额达到24.9亿美元。绿色食品产地环境监测面积达到1 733.33万公顷。全国已创建665个绿色食品原料标准化生产基地，21个有机农业示范基地，总面积1 200万公顷，对接2 500多家企业，覆盖2 100多万户农户，每年带动农户增收超过10亿元。

绿色既是农业的属性，更是新时期农业发展的新理念。促进农业绿色发展，增强农业可持续发展能力，是农业现代化的基本内涵，也是生态文明建设的必然要求。绿色食品注重产地环境保护，倡导减量化生产，科学合理控制农业投入品使用，追求以生态环境质量促产品质量提升的目标，是农业绿色发展的重要载体和有效途径。目前，绿色食品产地环境监测面积已超过1 200万公顷，占全国耕地面积的10%左右。据有关专家测算，按照无机氮肥用量减半的要求，"十二五"期间，绿色食品生产平均每年折合减少施用尿素268万吨，减少二氧化碳排放约3 400万吨，为控制农业面源污染、缓解环境承载压力起到了积极作用。保护农业生态环境，推动农业绿色生产，需要绿色食品、有机农产品继续发挥领跑作用。

（2）我国绿色食品的相关标准与法规。在"十二五"期间关于绿色食品的相关标准法规也取得了突破型进展。农业部颁布了新的《绿色食品标志管理办法》，明确了事业的公益性质，进一步巩固事业的法制基础。广东省农业厅结合新的《绿色食品标志管理办法》，出台了具体的《绿色食品标志管理办法实施办法》；湖北、山西等地结合标志许可审查、证后监管等工作制度，出台了一系列实施细则和制度规范。目前，农业部已发布156项绿色食品标准，整体达到国际先进水平，各地还结合实际，围绕区域优势农产品、特色产品和主导产业，制定了一批绿色食品生产技术操作规程，有力地推动了标准化生产。绿色食品已成为国家现代农业示范园、农业标准化示范县、"三园两场"创建指标之一。图2-3所示分别为我国A级和AA级绿色食品认证国标。

绿底白标志为A级绿色食品　　　　**白底绿标志为AA级绿色食品**

图2-3　绿色食品认证图标

虽然我国近几年绿色食品推广工作进展迅速，但还是存在一定问题，面临一些挑战，比如绿色食品品牌的影响力还不够强、优质优价的市场机制还不尽理想、绿色食品用标主体及产品结构还亟待优化、少数企业诚信意识和自律能力不强、少数产品质量安全存在隐患、用标不规范，加上假冒产品的市场冲击，均对品牌的公信力和美誉度构成严重伤害，整体上制约着事业的持续健康发展。面临新的机遇与挑战"十三五"时期，绿色食品工作的总体思路是，践行"创新、协调、绿色、开放、共享"五大理念，围绕"提质增效转方式，稳粮增收可持续"的中心任务。加强品牌建设，推动绿色食品、有机食品持续健康发展，为促进农业转方式、调结构做出新的贡献。

4. 无公害农业及农产品

无公害农业是我国最早提出的保障食品质量安全的生产模式，是20世纪90年代我国农业和农产品加工领域提出的全新概念，依据农业部2002年

4月29日第12号令《无公害农产品管理办法》，无公害农产品是指产地环境、生产过程和产品质量符合国家有关标准和规范的要求，经认证合格获得认证证书并允许使用无公害农产品标志的未经加工或者初加工的食用农产品（图2-4）。无公害是对农产品的最基本要求，农产品生产由普通农产品发展到无公害农产品，再发展至绿色食品或有机食品，已成为现代化农业发展的必然趋势。

图2-4　无公害农产品认证图标

"十二五"期间是"三品一标"事业快速发展并取得显著成效的时期。在各级各方面强有力的推动下，整个系统以提高农产品质量安全水平为目标，以树立安全优质公共品牌为核心，以改革创新为动力，扎实推进各项工作，无公害农产品事业持续、快速、健康发展，成效显著，为促进全国农产品质量安全水平稳中有升奠定了扎实基础。2016年全年共评审通过无公害农产品2.8万个，比2015年增长18%。新认证评审通过产品1.4万个。数量排名前10位的省（区、市）分别是江苏、山东、浙江、贵州、重庆、安徽、北京、江西、河南、四川，占全国总数65%。复查换证评审通过产品1.4万个，换证率40%，比2015年提高4个百分点。上海、北京、安徽、黑龙江、江苏、辽宁、吉林、重庆、山东等省市复查换证数量和比例综合成绩突出。目前全国有效无公害农产品7.2万个，获证单位3.4万家，其中种植业产品生产面积1 547万公顷。

目前我国已将无公害农产品、绿色食品、有机食品（简称"三品"）的大力发展作为保障农产品质量安全的有力手段，是保护和改善农村与农业生态环境、促进农村生态经济建设，实现环境、经济和社会效益同步发展的重要举措。家庭农场的建设可采用上述的4种经营模式，各家庭农场可根据自身特点选择相应的经营，只有按照一定的经营模式发展才可能建立标准化体系，真正实现"从农田到餐桌"全产业链的农产品质量安全监控。

第四节 家庭农场果品标准化生产经营体系 建设现状与对策

➤ 家庭农场果品标准化生产现状与主要问题是什么？

随着我国农村土地不断流转和家庭经营规模的扩大，家庭农场的果品标准化生产经营体系建设将是现代果品经营的重要模式选择，从总体上看，家庭农场在生产经营标准化方面较一般农户有较大提高，但与发达国家相比仍存在较大差距，在一定程度上会影响家庭农场果品生产经营的长期稳定发展，主要体现在以下几方面。

1. 标准化意识淡薄，缺少应用标准化的动力

我国政府已制定了水果栽培技术规程、病虫害管理、质量分等分级、采后处理、良好农业规范等一系列果品相关标准，用于帮助果农实现标准化生产经营行为，但标准的宣贯不到位，部分果农标准化意识相对淡薄，不清楚或不理解标准内容，同时，对于标准化生产经营技术到底能为他们带来多大利益并不十分清楚，导致他们在使用标准技术方面的积极性不高，多以自身经验或者邻居的经验来进行果品的生产，有条件的家庭农场，依靠专家经验。另外按照标准化生产原理，只有在规模化的大生产条件下，推行实施标准化生产和规范化管理，才能从生产环节实现生产效率最高、质量最好、成本最低、效益最优，也是充分保障同一个生产体系内各生产个体之间质量安全水平和生产效率一致性的最佳方式之一。而对一家一户的个体或农户，如果规模小，从生产者本身的利益出发，缺乏标准化生产的激励作用。

同时，由于现有的果品销售，多是产地自销，优质优价系统不完善，缺少准入标准，不同质量的果品，销售于不同市场。市场决定生产，在质量和成本投入之间，寻找平衡，不愿意在管理上投入，缺少标准化的动力。

2. 标准体系建设不够完善

我国农业重点领域标准体系建设不断加强，农业标准化示范区建设卓有成效。截至 2015 年，共建设 8 批 4 272 个国家级农业标准化示范区，省级农业标准化示范区 5 728 个。示范区的建设，规范了农业生产和农产品贸易，保障了农产品质量安全，促进了农业增效、农民增收，提高农业可持续发展能力。虽然我国在标准体系建设上有些成效，但还不健全。一方面，政府在体系建设中需要进一步细化通用性行政监督管理制度，明确政府职责和农民的权益。另一方面，针对家庭农场的专属性规定标准缺乏，尚需加大力量，深入基层进行调研，建立一整套行之有效的制度、规范。

3. 现代管理经验相对落后

家庭农场要具有一定规模，但它不是小农经济的回归，也不是简单的扩大生产规模，而是生产方式上质的飞跃，这其中重要的一环就是生产经营组织形式的创新，以遵循福利正义与福利最大化的导向，最终表现为要求在我国家庭农场的发展中实现多元利益的共存与平衡。目前家庭农场主往往从长期从事农业经营活动，并有一定的战略眼光和经济实力的农民转化而来，他们有着丰富的种养殖经验，但缺乏管理经验，尤其缺少现代企业经营经验。

4. 果品商业化程度低

果品采后商品化处理程度低，难以满足消费者需要长年均衡消费新鲜水果的要求，目前我国采摘后进行分级、打蜡、包装、储运的水果只占总产量的1%，贮藏的水果不到总产量的20%，加工的水果不到总产量的10%，由于不同质量等级果品价格差别较大，而且不同质量等级的同一果品，在不同时间上市其价格差异更大，因此，如未能对果品进行进一步的商品化处理，会极大地降低家庭农场果品的竞争力。此外，家庭农场主对于自由品牌的内在价值未能充分认识，品牌化意识尚待加强。

➢ 提高家庭农场果品标准化生产经营的水平需要如何去做？

1. 强化宣传，提升标准化意识

通过电视新闻媒体、报纸、广播及技术推广部门等对果品标准化进行大范围宣传，普及标准化知识，使标准化的概念不断被家庭农场经营者接受，不断增强家庭农场经营者推进果品标准化生产经营的自觉性、主动性，让家庭农场经营者真正意识到，生产需要标准，实施标准化是提高果品质量和经济收入的前提。

2. 注重标准贯彻，加速推广实施

要加强规范指导，从建章立制抓起，建立健全家庭农场生产管理各项制

度和标准化操作规程，着力抓好优势果品生产、流通等环节标准的实施，全面推行家庭农场标准化生产和管理。建立完善"政府推动、市场引导、农业技术部门指导、家庭农场积极参与"的果品标准化推进机制，加快果品标准的推广实施。

3. 重视果农培训，提高从业人员素质

果品生产者文化素质参次不齐、专业化程度不够是我国果品质量安全隐患多的一个主要原因。各级农业主管部门应定期组织果农进行集中技能培训或进行果园实地培训，使其掌握新种植果树的生长规律、结果习性以及病虫害发生规律，纠正生产者不良管理方式，防止盲目滥用农业投入品，重点培训果园管理方面的实用技术和科普知识，尽快帮助果农提高管理技能；对出现疑难问题的果园进行会诊，查找原因，对症制订解决方案措施；指导果农学习生产优果关键技术及标准化管理技术。

4. 落实标准化生产技术，提高果品内在品质

果品的内在品质是以果业为主的家庭农场生存的根本，结合果品生产的质量安全管理制度，种植操作规范，果实采后技术规程等具有普遍指导意义的生产技术标准，按照优质安全果品加工、包装、储存和运输技术标准，因地制宜，实行良种区域化，种植适宜于当地栽培的优质、抗病品种。实行严格的良种繁殖制度，严防将各种危险性病、虫带入。根据气候特点并结合品种的生长结果习性，进行相应的栽培管理，科学整形修剪，合理使用化肥、农药，保证植株健壮生长，降低病虫害的发生。建立果品的检测与准出制度，施行农药残留监控，按照果品从农田到餐桌全过程质量控制的要求，突出源头控制，质量安全检测合格后方可进行水果采收、销售。

5. 完善果品的产品质量标准认证体系

通过制定和完善果品的质量认证标准和认证制度，鼓励家庭农场经营者，根据农场自身条件选择进行果品质量标准认证，提升市场拓展能力和信誉度，增强果品在国内外市场的竞争力。鼓励家庭农场经营者实行创新农业经营机制，按照标准化、规模化、产业化、商品化的要求，努力做大做强，实施优质品牌战略，增强家庭农场的品牌价值，进一步提升产品的附加值。

6. 完善果品市场流通机制

市场流通机制的完善是家庭农场果品标准化生产经营体系建设的重要内容。目前，我国果品的流通领域主要包括农产品批发市场、农产品物流公司

以及大型连锁超市等。要调查研究国际标准和贸易接收国的标准，应以标准化来规范市场流通过程中的交易行为，推进果品的市场准入制度和品牌化经营体系的建设，严格控制果品的质量、安全、等级、包装、标识等，促进果品质量和安全的不断提升，建立诚信、公平、有序的市场秩序，强化家庭农场经营者与出口企业的经济合作，实现果品效益的最大化。

参考文献

陈义强 . 2014. 城乡一体化视域下我国家庭农场农业经营模式问题研究 [J]. 经营管理者（29）：278.

单杨 . 2008. 中国柑橘工业的现状、发展趋势与对策 [J]. 中国食品学报, 8（1）：1-8.

杜葳 . 2016. 中国鲜梨国际竞争力研究 [D]. 哈尔滨：东北农业大学 .

郭宇飞 . 2014. 山西省无公害农产品、绿色食品、有机农产品产业模式与发展历程 [J]. 山西农业科学, 42（2）：186-189.

侯传伟, 王安建, 魏书信 . 2008. 解决食品质量安全的有效途径——实施良好农业规范（GAP）[J]. 食品科技, 33（3）：194-196.

胡茂丰 . 2005. 中国果业现状与果品产业化发展对策 [D]. 湖南农业大学 .

黄魁建, 陈红彬, 袁广义, 等 . 2015. 中国良好农业规范认证情况分析及发展建议 [J]. 农业现代化研究, 36（1）：13-18.

金爱民 . 2011. 农业标准化作用与机理研究 [D]. 上海：上海交通大学 .

李东山 . 2011. 推广良好农业规范（GAP）存在问题及其对策研究 [J]. 质量技术监督研究（5）：47-49.

李萍, 2010. 我国水果农药残留现状及解决对策 [J]. 现代农业科技（14）：344-345.

李松涛 . 2005. 北京市无公害果品标准体系框架研究 [D]. 北京：中国农业大学 .

李晓亮, 王常芸, 段小娜, 等 . 2014. 北方主要蔬菜水果现行绿色食品标准中卫生（或安全）指标与食品安全国家标准的比较与分析 [J]. 农学学报, 4（2）：91-98.

李志霞, 聂继云, 李静, 等 . 2014. 梨产业发展分析与建议 [J]. 中国南方果树, 43（5）：144-147.

林建安 . 2010. 中国苹果产品出口贸易发展研究 ［D］. 泰安：山东农业
　　大学 .

刘炳海，张寿江 . 1993. 山东省粮果菜农药残留状况及探控制对策 ［J］.
　　山东农业科学（5）：20.

刘建华 . 2010. 无公害农产品标准化生产的理论与实践 ［D］. 北京：中
　　国农业科学院 .

刘新录 . 2016. "十三五"我国无公害农产品及农产品地理标志发展目
　　标及路径分析 ［J］. 农产品质量与安全（2）：7-10.

刘永明，葛娜，崔宗岩，等 . 2016. 2012—2014 年青岛、深圳、大连三口
　　岸 282 份进口水果和蔬菜中农药残留监测 ［J］. 中国食品卫生杂志，
　　28（4）：511-515.

娄丽平，赵长伟 . 2016. 果树病虫害的发生现状及防治策略 ［J］. 现代农
　　村科技（14）：26-27.

吕青，吕婕，李成德，等 . 2009. 良好农业规范（GAP）的发展现状和应
　　用展望 ［J］. 食品科技（10）：252-255.

马爱国 . 2017. 当前我国发展绿色食品和有机农产品的新形势和新任务
　　［J］. 农产品质量与安全（2）：8-10.

马秋玲 . 2016. 绍兴地区蔬菜和水果中农药残留污染及其原因分析和控
　　制对策 ［D］. 杭州：浙江大学 .

聂继云 . 2016. 我国果品标准体系存在问题及对策研究 ［J］. 农产品质
　　量与安全（6）：18-23.

庞荣丽，成昕，谢汉忠，等 . 2016. 我国水果质量安全标准现状分析
　　［J］. 果树学报（5）：612-623.

彭成圆 . 2015. 农业标准化示范区运行机制与发展模式研究 ［D］. 北京：
　　中国农业科学院 .

钱静斐 . 2014. 中国有机农产品生产、消费的经济学分析 ［D］. 北京：
　　中国农业科学院 .

谯薇，云霞 . 2016. 我国有机农业发展：理论基础、现状及对策 ［J］.
　　农村经济（2）：20-24.

任晓姣，白亚迪，王党党，等，2017. 西安市蔬菜水果有机磷农药残留规
　　律研究 ［J］. 安徽农业科学，45（1）：91-93.

宋国宇，尚旭东，李立辉 . 2013. 中国绿色食品产业发展的现状、制约因
　　素与发展趋势分析 ［J］. 哈尔滨商业大学学报（社会科学版）（6）：

15-24.

王冠辉 . 2014. 有机农产品认证新制度的解析及对我国有机农业的影响 [D]. 杨凌：西北农林科技大学 .

王运浩 . 2016. 我国绿色食品"十三五"主攻方向及推进措施 [J]. 农产品质量与安全 （2）：11-14.

王梓 . 2012. 无公害农产品质量安全监管制度研究 [D]. 南京：南京农业大学 .

毋永龙，聂继云，李志霞，等 . 2015. 我国和 CAC 新鲜水果农药残留限量标准比对研究 [J]. 农产品质量与安全 （2）：31-34.

向敏，林胜，赵俊松，等 . 2007. 我国有机农产品发展现状、问题与对策 [J]. 安徽农学通报，13 （20）：52-54.

徐静，代飞飞，聂丹丹 . 2016. 潍坊市 2015 年蔬菜、水果中农药残留污染情况 [J]. 中国热带医学，16 （2）：141-144.

鄢新民，李学营，王献革，等 . 2011. 果品安全生产与生态环境的关系 [J]. 河北农业科学，15 （8）：75-77.

叶孟亮，聂继云，徐国锋，等 . 2016. 果品农药残留风险评估研究现状与展望 [J]. 广东农业科学，43 （1）：117-124.

岳正华，杨建利 . 2013. 我国发展家庭农场的现状和问题及政策建议 [J]. 农业现代化研究，34 （4）：420-424.

张东送，庞广昌，陈庆森 . 2003. 国内外有机农业和有机食品的发展现状及前景 [J]. 食品科学，24 （8）：188-191.

张华荣 . 2017. 提升我国无公害农产品及地理标志农产品品牌影响力的任务和方向 [J]. 农产品质量与安全 （2）：11-14.

张倩，杜海云，孙家正，等 . 2015. 我国果园土壤和果品中砷污染现状及控制措施建议 [J]. 山东农业科学 （7）：131-135.

张松涛，王靖，伊素芹，等 . 2016. 各建设主体推进国家农业标准化示范区建设的发展模式与对策 [J]. 农业展望，12 （3）：23-28.

赵俊晔，武婕 . 2015. 中国水果市场分析与 2020 年展望 [J]. 农业展望，11 （5）：24-28.

周顺利，周丽丽，肖相芬，等 . 2009. 良好农业规范（GAP）及其在中国作物安全生产中的应用现状与展望 [J]. 中国农业科技导报，11 （5）：42-48.

周绪宝，欧阳喜辉，郝建强，等 . 2010. 北京市无公害农产品、绿色食品和有机农产品的现状分析和发展对策 [J]. 中国农业资源与区划, 31 (6): 17-22.

周艳. 2015. 我国水果进出口贸易分析 [J]. 农村经济与科技 (10): 100-101.

第三章　组织管理措施

第一节　组织机构与形式

➢ 为什么要选择家庭农场这种组织形式？

我国农业经营体制经历了多次变革，家庭联产承包责任制是继土地改革、集体化运动后我国农村土地制度的又一次大的变迁，把土地经营权承包给农民，解决了土地集体经营时的监督和激励无效等问题，使我国农业进入了快速发展期。但随着农村市场化进程的加快，家庭联产承包责任制的局限性也逐渐暴露出来，制约了农业产业化、规模化、机械化的发展，阻碍了农业现代化的发展。为了加快农业现代化的发展，进行农村经营体制改革是一条必由之路，家庭农场经营体制同其他现代农业经营体制相比，是现阶段最适合我国果业现代化的组织形式。家庭农场有利于集约化经营，农业集约化经营需要耕作的勤奋、细心和专注，这一点只有家庭农场经营才能做到，而且促进土地耕作集约化的各种先进要素如良种、化肥、农药等的发展；家庭农场有利于专业化经营，家庭农场经营者会主动积极学习专业知识，引入科技提高果品生产的科技含量，以适应现代农业的发展需求，从而实现自身的利益最大化。家庭农场有利于规模化经营，通过建立土地流转机制，促进土地相对集中，推动家庭农场的适度规模经营，提高农业效益。家庭农场有利于产业化经营，家庭农场运用现代企业经营的理念从事生产经营活动，有利于创造和维护果品的品牌，从而提高我国果品的市场竞争力。

➢ 果品家庭农场应设立哪些机构？

果品家庭农场应建立与生产规模相适应的组织机构，包含生产、加工、销售、质量管理、检验等部门，并明确责任人。明确各管理部门和各岗位人员职责。管理、协调果品相关标准的实施。

第二节　人员管理

果品生产是技术性要求较高的一项工作，高品质的果品与高技术含量密切相关，加强果品质量安全管理，是提高果业综合生产能力，增强果品市场竞争力的必然要求，是加快发展优质、高产、高效、生态、安全果品生产，建设现代果业的重要举措。

▷ 家庭农场应配备哪些人员呢？

1. 技术人员

家庭农场应有具备相应专业知识的技术人员，负责技术操作规程的制定、技术指导、培训等工作，该技术人员应接受过培训并保留正式的资质或特定培训证书证明其能胜任相应的工作。必要时可以外聘专业院校、科研机构、技术推广服务机构的专业技术人员指导相关技术工作。

2. 质量安全管理人员

家庭农场应有熟知果品生产相关知识的质量安全管理人员，加大对果品标准化生产状况、果品投入品的使用情况、果品质量安全例行监测、果品质量安全追溯和果品质量安全技术创新等的监管，负责生产过程质量管理与控制。

▷ 其他人员需要进行培训吗？

需要，从事果品土肥管理、病虫害防治、整形修剪、投入品使用管理等生产关键岗位的人员应由技术人员进行专门培训，培训合格后方可上岗。

▷ 家庭农场还需要做哪些人员管理工作？

1. 要保存家庭农场人员的各种记录和证书

应建立和保存所有人员教育和专业资格、培训以及专业技能考核等记录。检查培训记录，并注意记录内容是否全面，如培训内容、授课人、日期和参加人员，并应有参加人员签到表或在记录中体现。尤其对于所有操作和

（或）管理农药、化学品、消毒剂、植保产品、生物杀灭及和其他危险品的员工，以及经风险评估确定的危险或复杂设备的员工，不但有相应的培训记录，还应有资格证书和（或）其他能证明可胜任此类工作的详细资质材料。接受过急救方面培训的人员，也应提供相应的证据，包括培训证明、证书或记录等。

2. 要有管理规程和文件

在办公室检查时，应有全面的卫生规程和文件规定，规程内容应包括：手部卫生要求；皮肤伤口的包扎；设有吸烟、饮食和喝水的特定限制区域；传染疾病的报告制度；防护服使用等。

第三节　职业健康

健康安全是人类生存的基础，家庭农场经营者应制定并遵守员工的职业健康、安全和福利方面的制度，坚持以人为本的发展思想，为员工营造良好的工作环境。

▷ 家庭农场应如何保障员工的职业健康呢？

家庭农场应指定一名管理人员对员工的健康、安全和福利问题负责。对于员工福利和劳动保护，从以下 5 个方面进行考虑和管理。

1. 建立基于风险评估的书面健康、安全和卫生方针

对农场所有可能对人体健康造成危害的物质和因素进行风险评估，形成书面的风险评估报告。每年至少对该风险评估进行一次评审和更新。

制定健康安全方针，包括用于处理工作环境中已确定风险的事故和紧急情况处理规程、卫生规程等。

2. 建立卫生规程

卫生规程至少包括以下内容：

◇ 手部卫生要求；

◇ 皮肤伤口的包扎；

◇ 设有吸烟、饮食和喝水的特定限制区域；

◇ 传染疾病的报告制度；

◇ 防护服的使用。

3. 建立事故处理程序

制订事故处理规程，并清晰地张贴在附近可见的地点，同时制订简明易懂的紧急事故处理知识宣传单对家庭农场员工进行培训宣传。规程和宣传单应包括以下内容：

◇ 与农场相关的地图或地址；

◇ 联系人；

◇ 最近通信地点（如电话、无线电）；

◇ 及时更新的相关部门的电话号码（如警察、急救、医院、消防、供水、供电等）；

◇ 当地医疗机构，医院和其他急救服务的联系方式；

◇ 灭火器的位置；

◇ 断水、断电、断气紧急情况的处理；

◇ 事故和危险情况如何报告。

在有危险品的地方立警示牌（如废弃的深沟、燃烧桶、车间、植保产品和肥料存放等地）。

当农场进行生产时，每个生产区域至少有一个在过去5年内接受过急救培训，并具有应急处理能力的人员在场。

在所有适当的地点设有急救箱，且箱内物品确保完整可以随时正常使用，并适于运输到邻近工作区。

4. 防护服

所有的员工（包括分包商）应备有合身的防护服（如胶靴、防水服、防护连身裤、橡胶手套、面罩等），并按法规要求、说明书或授权有资质的人员指导下使用。必要时，提供适当的保护呼吸、眼睛和耳朵的设施和救生衣等。

防护服定期按照规定清洗，清洗防护服及设备必须戴手套，并与个人服装分开洗涤，脏的、破损的防护服，设备及呼吸过滤器必须与植保产品、其他可能污染防护服及设备的化学品分开存放，并存放在通风区域。

5. 员工福利

应有专人负责人员健康、安全和福利的监督和管理，包括以下内容。

农场应尽可能每年至少计划和举行两次农场管理者与员工之间的会议，就经营、员工健康、安全和福利等有关问题进行公开讨论并进行记录。

建立员工信息资料，包括：姓名、报到日期、雇用期限、正常工作时间、加班规定等。

生活区应适于居住，有完好的屋顶、门窗，并且配有自来水、卫生间、下水道等基本设施。

为员工提供食品储存和饮食区、洗手设施和可饮用的水。

对接触农药制品的人员应进行年度身体检查。

参考文献

李莉. 2010. 良好农业规范（GAP）实施与认证［M］. 北京：中国标准出版社.

国家标准化管理委员会，国家认证认可监督管理委员会. 2006. 良好农业规范实施指南（一）［M］. 北京：中国标准出版社.

张敬瑞. 2003. 家庭农场是我国农业现代化最适合的组织形式［J］. 乡村经济（9）：18-19.

第四章 质量安全管理

第一节 质量安全管理制度

实施单位应建立符合 GB/T 20014.2—2013《良好农业规范 第 2 部分：农场基础控制点与符合性规范》、GB/T 20014.5—2013《良好农业规范 第 5 部分：水果和蔬菜控制点与符合性规范》的质量安全管理制度，并在相应的区域内明示。有文件规定的各个生产环节的操作，包括适用于管理人员的质量管理文件和适用于作业人员的操作规程。

➤ **质量管理文件应有哪些内容？**

质量管理文件的内容应包括：
◇ 组织机构图及相关部门（如果有）、人员的职责和权限；
◇ 质量管理措施和内部检查程序；
◇ 人员培训规定；
◇ 生产、加工、销售实施计划；
◇ 投入品（含供应商）、设施管理办法；
◇ 产品的溯源管理办法；
◇ 记录与档案管理制度；
◇ 客户投诉处理及产品质量改进制度。

第二节 操作规程及投入品管理

➤ **操作规程应该包括哪些内容呢？**

操作规程应简明、清晰，便于生产者领会和使用，其内容应包括：

◇ 从种植到采收、贮藏的生产操作步骤。

生产关键技术的操作方法，如修剪、施肥、病虫草害防治、收获等；

与操作规程相配套的记录表。

▷ 注意采收的时机

果品的质量取决于实施适当的生产操作规程，人类活动和其他废弃物的不良管理能显著增加果品污染的风险，应按照有关规定，在停药期收获产品。

▷ 注意采收、加工工具的卫生

采收应使用清洁的采收储藏设备、采用清洁安全的方式加工产品，保持装运贮存设备卫生、放弃那些无法清洁的容器，以尽可能地减少新鲜果品被微生物污染。

▷ 进行果品的清洁

在果品被运离果园之前应尽可能地去除果品表面的泥土，清洗使用清洁剂和清洁水。

▷ 贮存果品要注意

在卫生和适宜的环境条件下储存果品，使用清洁和适宜的容器，存放果品的容器必须专用，即不存放农用化学品、润滑油、汽油、清洁剂、其他植物或废弃物、餐盒、工具等。

▷ 规范使用采收、运输设备

应当使用多用途的拖车。手推车盛放果品前，应清洁干净。重视监督、人员培训和设备的正常保养，建立设备的维修保养制度，指派专人负责设备的管理，适当使用设备并尽可能地保持清洁，防止农产品的交叉污染。

▷ 进行适当的风险分析

根据收获过程可能带来的卫生风险，每年需要对采收和离开农场前的运输过程进行卫生的风险分析，包括物理、化学、微生物污染和人类传播的疾病等。

➤ 生产关键技术的操作方法

生产关键技术的操作方法，如修剪、施肥、病虫草害防治、收获等，同时应有与操作规程相配套的记录表。

➤ 果园的农业投入品需要如何去科学管理呢？

（1）农业投入品的采购。应制定农业投入品采购管理制度，选择合格的供应商，并对其合法性和质量保证能力等方面进行评价；采购的农药应是正式登记的，农药、肥料及其他化学药剂等农业投入品应有产品合格证明；建立登记台账，保存相关票据、质保单、合同等文件资料。

（2）农业投入品的贮存。农业投入品仓库应清洁、干燥、安全，有相应的标识，并配备通风、防潮、防火、防爆、防虫、防鼠、防鸟和防止渗漏等设施；不同种类的农业投入品应分区域存放，并清晰标识，危险品应有危险警告标识；有专人管理，并有进出库领用记录。

第三节 可追溯系统

➤ 可追溯系统有什么作用？

生产者建立有效的溯源系统，可确保家庭农场生产的果品可追溯回农场并由农场追踪到直接客户，建立果品的采收时间、农场、从种植者到采收者到管理者的档案和标识等，追踪从农场到包装者、配送者和零售商等所有环节，以便识别和减少危害，防止食品安全事故发生。

➤ 可追溯系统由什么组成？

一个有效的追踪系统至少应包括能说明果品来源的文件记录、标识和鉴别产品的机制。

➤ 果品生产的可追溯系统应该怎么做？

将果品生产批号作为生产过程各项记录的唯一编码，即可追溯系统中的唯一识别码，包括种植产地、基地名称、品种名称、田块号、收获时间等信息内容。批号编制应有文件进行规定，每定一个批号均有记录。应有收获日期之前至少 3 个月的完整记录，记录包括果树种植覆盖的所有区域的农事活动。同时，农场应能够提供所有要求的且至少保存 2 年的记录。法律法规和某些特殊控制点要求保存更长时间的记录除外。

1. 果品生产记录的要求

生产记录应如实反映生产真实情况，并能涵盖与果品安全质量相关的生产的全过程。

2. 基本情况记录应包括的内容

——田块/基地分布图，田块图应清楚地表示出基地内田块的大小和位置、田块编号；

——田块的基本情况，如环境发生重大变化或果品生长异常时，应及时监测并记录；

——灌溉水基本情况，水质发生重大变化或果品生长异常时，应及时监测并记录；

——操作人员岗位分布情况。

3. 生产过程记录包括的内容

——农事管理记录，农事管理以农户和田块为主线，按果品生产的操作顺序进行记录。记录形式可采用预置表格，作业人员打"√"或填写日期，表示完成该项工作，特殊处理由安全管理人员另行记录。根据所采用的生产技术，农事记录主要包括品种、修剪、病虫草害发生与防治记录、投入品使用记录、采收日期、产量、贮存和其他操作；

——农业投入品进货记录，包括投入品名称、供应商、生产单位、购进日期和数量；

——肥料、农药的领用、配制、回收及报废处理记录；

——贮存记录，包括采收日期及其品种、分级、冷库地点、贮存日期、批号、进库量、出库量、出库日期及运往目的地等。

——销售记录，包含销售日期、产品名称、批号、销售量、购买者等信息。

4. 其他记录包括

——环境、投入品和果品质量检验记录；

——农药和化肥的使用应有统一的技术指导和监督记录；

——生产使用的设施和设备应有定期的维护和检查记录。

5. 记录保存和内部自查

——应长期保存本标准要求的所有记录。

——应根据本标准制定自查规程和自查表，至少每年进行 1 次内部自查，保存相关记录。

——内部自查结果发现的问题项目应制定有效的整改措施，付诸实施并编写相关报告。

记录的格式详见表 4-1 至表 4-10。

表 4-1　地块土壤基本情况

基地名称			
检测单位		检测日期	
土壤类型		pH 值	
镉（毫克/千克）		汞（毫克/千克）	
砷（毫克/千克）		铅（毫克/千克）	
铬（毫克/千克）		铜（毫克/千克）	
锌（毫克/千克）		镍（毫克/千克）	
六六六（毫克/千克）		滴滴涕（毫克/千克）	
与国家标准符合情况说明			
污染发生情况说明			

记录人：　　　　　　　　　　　　　　　　　负责人：

年　月　日　　　　　　　　　　　　　　　　年　月　日

表 4-2　灌溉用水情况

基地名称			
水来源			
检测单位		检测日期	
pH 值		水温（℃）	
镉（毫克/升）		铅（毫克/升）	
总砷（毫克/升）		铬（毫克/升）	

（续表）

总汞（毫克/升）		全盐量（毫克/升）	
氯化物（毫克/升）		硫化物（毫克/升）	
生化需氧量（毫克/升）		化学需氧量（毫克/升）	
悬浮物（毫克/升）		阴离子表明活性剂（毫克/升）	
蛔虫卵数（个/升）		粪大肠菌群（个/100毫升）	
与国家标准符合情况说明			
污染发生情况说明			

记录人： 负责人：

年 月 日 年 月 日

表4-3 果品生产记录

基地名称			
种植品种		种植时间	
地块编号		面积	
日期	天气	田间作业内容	作业人员签名
备注			

记录人： 负责人：

年 月 日 年 月 日

表4-4 果品农业投入品使用记录

基地名称					
种植品种		种植时间			
地块编号		面积			
日期	天气	投入品名称及浓度（配比）	使用量	施用方式	施用人签名
备注					

记录人： 负责人：

年 月 日 年 月 日

表 4-5 剩余农药或清洗废液处理结果记录

基地名称		基地编号	
基地负责人		电 话	
操作人		电 话	
剩余农药/清洗废液名称		数 量	
处理地点		处理日期	
处理方式			
备注			

记录人：   负责人：
　年　月　日   年　月　日

表 4-6 果品采收记录

采收日期	地块编号	种植品种	面积	采收数量	生产批号	检验情况
备注						

记录人：   负责人：
　年　月　日   年　月　日

表 4-7 果品贮藏记录

冷库地点			品种名称		保管人	
冷库号	进库		出库			生产批号
	日期	数量	日期	数量	目的地	

记录人：   负责人：
　年　月　日   年　月　日

表 4-8 果品样品品质检测记录

生产批号	样品来源	样品数量千克	检验项目			检验人
			果实直径毫米	糖度%	……	

记录人：   负责人：
　年　月　日   年　月　日

表 4-9 果品运输记录

生产批号	日期	运输方式	始发站	到达站	数量（千克）	规格（千克/箱）	收货人

记录人：　　　　　　　　　　　　　　　　负责人：

年 月 日　　　　　　　　　　　　　　　　年 月 日

表 4-10 果品销售记录

生产批号	日期	销售人	数量（千克）	规格（千克/箱）	购买者	联系方式
备注						

记录人：　　　　　　　　　　　　　　　　负责人：

年 月 日　　　　　　　　　　　　　　　　年 月 日

参考文献

李莉.2010. 良好农业规范（GAP）实施与认证［M］. 北京：中国标准
　　出版社.

国家标准化管理委员会，国家认证认可监督管理委员会.2006. 良好农
　　业规范实施指南（一）［M］. 北京：中国标准出版社.

张敬瑞.2003. 家庭农场是我国农业现代化最适合的组织形式［J］. 乡
　　村经济（9）：18-19.

第五章　种植操作规程

第一节　产地选择与管理

▷ 果园的环境需要满足哪些条件呢?

随着人们生活水平的提高,对果品质量的要求也越来越严格,优质果品备受人们的青睐。果品的品质离不开栽培种植环境,栽培环境对果树生长以及所产水果的品质有着至关重要的影响,因此果树对其栽培条件有着一定的规范和要求,要保证土壤状况、水质状况和空气状况达到相应的无公害、绿色、有机产品或良好农业规范等质量标准,还要注意光照条件、通风条件、人为环境等的影响。

园区种植区域的最低温度一般不能低于-20℃。生产基地灌溉用水水质应符合中华人民共和国国家标准 GB 5084—2005《农田灌溉水质标准》二级及以上要求;大气环境应符合 GB 3095—2012《环境空气质量标准》二级及以上要求;土壤应符合 GB 15618—2008《土壤环境质量标准》二级及以上要求。上述三项指标的要求见表5-1。园区的选址应根据生产所必需的条件,应远离污染源,选择土层深厚,排灌方便的地方建园。生产基地的土壤至少每2年监测一次土壤肥力水平,根据检测结果,有针对性地采取土壤施肥方案。土壤肥力水平的检测指标主要包括硝态氮、铵态氮、有效磷、速效钾、有机质和土壤 pH 值等。有条件的基地可对土壤盐分、阳离子交换量等指标进行监测。

表 5-1 果园灌溉水质、大气环境及土壤环境的基本要求

	序号	项目类别	标准值要求
水质	1	五日生化需氧量（毫克/升）	≤100
	2	化学需氧量（毫克/升）	≤200
	3	悬浮物（毫克/升）	≤100
	4	阴离子表面活性剂（毫克/升）	≤8
	5	水温（℃）	≤35
	6	pH	5.5~8.5
	7	全盐量（毫克/升）	≤1 000（非盐碱土地区），2 000（盐碱土地区）
	8	氯化物（毫克/升）	≤350
	9	硫化物（毫克/升）	≤1
	10	总汞（毫克/升）	≤0.001
	11	镉（毫克/升）	≤0.01
	12	总砷（毫克/升）	≤0.1
	13	铬（六价）（毫克/升）	≤0.1
	14	铅（毫克/升）	≤0.1
	15	类大肠菌群数（个/100毫升）	≤4 000
	16	蛔虫卵数（个/升）	≤2
大气环境	1	二氧化硫年平均（微克/米^3）	≤60
		二氧化硫24小时平均（微克/米^3）	≤150
		二氧化硫1小时平均（微克/米^3）	≤150
	2	二氧化氮年平均（微克/米^3）	≤40
		二氧化氮24小时平均（微克/米^3）	≤80
		二氧化氮1小时平均（微克/米^3）	≤200
	3	一氧化氮24小时平均（毫克/米^3）	≤4
		一氧化氮1小时平均（毫克/米^3）	≤10
	4	臭氧日最大8小时平均（微克/米^3）	≤160
		1小时平均（微克/米^3）	≤200
	5	颗粒物（粒径小于等于10微米）年平均	≤70
		颗粒物（粒径小于等于10微米）24小时平均	≤150
	6	颗粒物（粒径小于等于2.5微米）年平均	≤35
		颗粒物（粒径小于等于2.5微米）24小时平均	≤75

序号	项目类别	标准值要求
	1	镉（毫克/千克）	≤1.0
	2	汞（毫克/千克）	≤1.5
	3	砷（毫克/千克）	≤40
	4	铜（毫克/千克）	≤400
土壤环境	5	铅（毫克/千克）	≤500
	6	铬（毫克/千克）	≤300
	7	锌（毫克/千克）	≤500
	8	镍（毫克/千克）	≤200
	9	六六六（毫克/千克）	≤1.0
	10	滴滴涕（毫克/千克）	≤1.0

➢ 果园的场地应如何选择与规划呢？

1. 场地选择

场地的选址非常重要，选址时要注意三点。①要避免污染源污染，场地要选在远离发电站、造纸厂、化工厂等工业污染源，远离交通干线，没有使用城市污水和工业废水灌溉的地区，避免受到污染源的不利影响；②要避免选择山地和土地瘠薄地区，由于果树栽培需要的土层相对较厚，一般初栽的树苗也要40厘米的基本土层，而山地土薄地区土薄石厚，不利于果树长期生长；③要避免选择山体滑坡、泥石流易发区，这些地区土质疏松且土壤肥效低，不利于果树生长，还易受恶劣天气影响，导致农场利益受损。

2. 场地规划

对场地的规划，首先应该合理划分栽种区域，根据具体的情况选取不同的果树；要对所选场地进行道路的设置，通过农场土地面积大小和地势条件来选定道路等级，主要道路要通行全园，在分区设置支道，使施肥、运肥、打药、采果等各项作业方便进行；要在农场中心位置建贮肥池，不同的位置可以选择修建多个贮肥池，在全农场的其他地方建造排灌系统，以便种植时浇灌；要建立防护林，用来防止大风对果树的侵害，若是有山地形且风小地区，就不需要种植防护林；要对果树的品种进行选择，分清主次进行栽种；

要合理设置果树之间的行距，不同的果树品种生长特性不同，要根据树势大小、气候、土壤和地形地势来确定，规范园地的种植区域，若是肥力较好区域，要适当拉大株行距，肥力一般地区，可以适当缩小株行距，株行距的规定一般不是很严格，只要做到因地制宜即可。

第二节 种苗管理

▷ 应该购买什么样的种苗呢？

所购苗木附有《果树种苗质量合格证》和《果树种苗检疫合格证》，其生产者具有县级及以上（含县级）农业行政部门颁发的应《果树种苗生产许可证》。苗木不应携带有害生物及病毒，并有文件证明苗木的质量，有接穗/砧木品种名称、批号和销售商的记录或证书。在苗木的品种选择上，需要考虑其对病虫害的抗性。在砧木的选择上需要根据当地自然条件，选择适宜当地气候和土壤立地条件的砧木。

▷ 种植的品种及苗木应如何规划呢？

1. 品种选择

品种的选择对农场的收益和果品的品质有着十分重要的影响，在选择品种时，首先是要进行市场的考察，看看现在市面上紧缺的水果，并且结合当地的情况，比如降水量、土壤的性质和当地的气候进行栽培条件的考察，进行合理的调研之后，选择合适的果树种类，种类确定之后，要具体考察不同品种的优缺点，最好先进行试验性种植，再从众多品种中选择适应性强、产量高、抗病性能好的果树品种，尤其是在选种外来品种的时候试种显得十分必要，最终确定选择最适合农场栽培的果树品种。

2. 苗木选择

苗木是决定果品品质和农场发展的一个关键因素。一旦选择不当，其后果是相当严重的，轻则影响果品产量和品质，重则病害严重，果树枯死，从而给农场带来严重损失。苗木应该选择没有病虫害、生长健壮、根系发达，没有失水现象的优质苗木。具体品种的苗木应符合国家关于其制定的标准，无毒苗木符合国家或者地方制定的标准，如从外地调运苗木还要符合该品种苗木产地检疫的规定，国外引进的品种要符合《中华人民共和国进出口动植物检疫条例》规定的要求。

➢ 苗木的栽植应如何进行呢？

1. 栽植时间

一般在春季和秋季均可栽植，即当年的11月到第二年的3月，早栽比晚栽要好，灌溉条件好的情况下适宜春季栽种。

2. 整地、挖栽植沟和栽植穴

（1）整地。在定植前，对于平地和熟土，应当进行深翻，以便改良土壤的理化性状，使微生物活动和根系发育良好。若是山地荒地环境，要先把杂草树木砍除，再进行规划打点。若山地荒地土壤肥力一般或是较差，应该先种一年绿肥再进行建园活动。

（2）挖栽植沟和栽植穴。栽植穴的大小应该由栽植位置、苗木数量和土壤情况来进行判定。定植穴应深100厘米、宽100厘米，深和宽都不得低于70厘米。挖定植穴，上下要大小相同，不能上大下小呈锅底形。一般提前2~3个月要挖好栽植沟，这样，才有利于肥料和杂草的腐烂，使坑内的土壤保持一定实度（图5-1）。

图5-1 栽植沟（左）和栽植穴（右）

3. 苗木整理

选好的树苗（或者是运回的苗木），要放在阴凉的地方放置一段时间，使根系保持水分和良好的湿润状态。外地调入苗木，若失水较多，应立即解包，并用清水浸泡一昼夜，充分吸水后再进行栽植。如果树苗的数量过多，就要按照一定的标准对树苗进行分级，在分级过程中也要适当对树苗进行修剪，修剪根系和树梢。在苗木栽植前，要把烂根、干枯根和残根修剪掉，直到露白为止。即使是比较好的根系，也要进行一定的修剪，把位置不当或是比较弱的根剪除。若是天气过于干燥，在运输或是种植苗木的时候，也要适当减掉部分枝叶，以防止水分蒸发流失。

4. 使用定根肥

选好树苗以后的半个月之内，要对种植穴进行翻土，之后要使用一些定根肥。当土壤和有机肥搅拌均匀之后，一定不要与根系发生直接的接触。

5. 种植

应当将各根条理直、理顺，在种植时，把根系均匀地、略向下倾斜放入种植穴中。若是在直根上有侧根分几层出现，就要从下至上、分层理顺根部，再填上细土，用手压实。在压制过程中不要用力过猛，以防压断根部。填土至一半时，轻轻将苗木向上提一下，以便拉直根部，扶正植株，最后再填土压实。栽完苗木后要浇透水，并盖上稻草保湿。

6. 栽后管理

（1）**浇水**。为了确保成活，栽后视天气情况及土壤墒情进行浇水，一般春季栽培后半个月左右再灌一次透水，秋栽苗木待除去埋土后浇水。浇后待水渗入 3~5 厘米，或者等稍干后松土，以利保墒。

（2）**定干**。苗木栽植后，常绿果树苗木，减去生长不充实的新梢和少量叶片，以减少蒸发面积，有利成活；落叶果树，根据树干要求预留干高进行定干，一般剪口下 20~30 厘米为整形带，在整形带内要有 8~10 个饱满芽，定干后，为了促进发枝，在较低部位进行芽上目伤，效果较好。

（3）**埋土防寒**。在冬季严寒地区，为避免冬、春发生"抽条"日灼等伤害，秋季栽植后需立即埋土。在中北部较冷地区，一般可用树干涂白、喷洒保水剂或羧甲基纤维素等措施进行防寒保护。风大地区即使春栽亦需培土保墒，防止风吹，待萌芽再及时除去培土。

（4）**检查成活及补栽**。春季发芽时，应进行成活情况检查，找出不成活的原因，及时补栽，如果春季已经来不及补苗，也可秋季进行补苗。

（5）**其他管理**。大风地区，应设立支柱扶苗。灌水后出现苗木歪斜现象，应及时扶直并填土补平栽植坑。此外，还应及时防治病虫、施肥和中耕除草。

➤ 如何种植种苗更科学？

根据地势、品种、砧木以及种植管理方式的不同，选择不同的栽植密度。以樱桃园为例，一般在肥沃土地上建园，以株行距 2.5 米×4.5 米、3.0 米×5.0 米至 4.0 米×6.0 米，每公顷栽植 417~888 株为宜；山地果园、矮化砧、生长势弱的品种以株行距 2.5 米×4.0 米、3 米×4.0 米每公顷栽植 840~990 株为宜。以苹果园为例，乔砧苗木建园株行距选择（2.5~3）米×（3~5）米；矮化中间砧和短枝型品种苗木建园行距宜选择（2~2.5）米×（3~3.5）米，矮化自根砧苗木建园行距宜选择（1.8~2.5）米×（2~3）米，授粉树配置比例为（5~8）：1。

在栽植过程中需要保留栽植方法、栽植数量和栽植日期等记录。建园前，就果品质量安全、操作者健康、栽植历史、环境影响等方面对园址进行风险评估。

第三节　土肥水管理

➤ 果园的土壤应该如何进行管理？

土壤管理是果树栽培技术中的重要措施之一。对果园土壤进行科学管理，能使果树有一个赖以生存的良好土壤环境，并保证各种养分和水分及时充足供给，不仅可以促进果树根系良好生长，而且能增强树体的代谢作用，促进树体生长健壮，提高产量和果实品质。其管理的具体内容包括土壤理化性状（如质地、结构、有害物质等）的改善、土壤施肥、土壤耕作等。一般可采用果园生草、果园覆草、秸秆覆盖、合理间作、深翻施肥、穴贮肥水技术、清耕法、土壤改良剂等措施。

1. 果园生草

果园生草是一项先进、实用、高效的土壤管理方法，即在全园或果树的行间种草，并定期刈割，用割下的茎秆覆盖地面，让其自然腐烂分解，从而改善果园的土壤和生态环境。通过果园生草，可以起到增加土壤有机质含量、改善土壤理化性状、保持相对稳定的土壤温度吸引和寄生天敌、提高果实品质及增加产量的作用。

应选择适应性强、植株矮小、生长速度快、鲜草量大、覆盖期长、容易繁殖管理、易于被控制的草种，比如白三叶草、小冠花、黑麦草等。播种前应结合深翻整地，施用腐熟的有机肥作底肥，生草种植的边缘与果树根部保留 50~80 厘米的距离，播后覆土 0.5~1.5 厘米，出苗后拔除杂草，促进幼苗生长。成坪后及时清除田间的大型恶性杂草，科学施肥，浇水。

在种草当年最初的几个月最好不割，待草根扎稳、营养体显著增加后，草生长到 25 厘米左右时刈割，留茬不低于 5 厘米，一年割 2~4 次，灌溉条件好的可多割 1 次。割草时，先保留周边 1 厘米左右不割，给昆虫（天敌）保留一定的生活空间，等内部草长出后，再将周边杂草割除，刈割下来的草就地撒开，或覆在果树周围，雨后或园地含水量大时避免园内踩踏。多年连续生草的果园，生草效果慢慢变差，应及早更新，一般应在生草 3~5 年后及时翻压，翻压时间以晚秋为宜，翻压时树边要浅翻，以免伤着树根，并使土地休闲 1~2 年后再重新播种。

生草法在国外能普遍采用，是由于其土壤肥力高，并给生草追施无机肥料，明显缓解了果树和生草的争水争肥矛盾。而我国因土壤基本肥力和施肥水平有限，加之传统观念，长期习惯于清耕等原因，至今仍尚未大面积应用生草法。

2. 果园覆草

果园覆草是果园土壤管理的一项常规制度，可分为全园覆草、行内覆草和树盘覆草。果园间作的绿肥作物都可作为覆草的原料。一年四季均可进行覆草，以春夏季为好，旱薄地多在 20 厘米土层温度达 20℃时覆盖。密闭和不进行间作的果园宜全园覆草，幼龄果园宜局部覆草（树盘或树间行）。覆草厚度 15~20 厘米。春季覆干草，局部覆草每亩 1 000~1 500 千克，夏季压青草每亩 2 000~3 000 千克，全园覆草分别为 2 000 千克、5 000 千克。覆草前，结合深翻或深锄，株施氮肥 0.2~0.5 千克，以满足微生物分解有机物对氮肥的需要量。在草上压一薄层土，以防风刮和火灾，土层薄的果园可采用挖沟埋草与盖草相结合的方法，长草要铡短，便于覆盖和腐烂。

3. 秸秆覆盖

秸秆覆盖就是将适量的作物秸秆等覆盖在果树周围裸露的土壤上，它具有培肥保水等多种效应，能改善土壤生态环境，减少地面水分蒸发，防止杂草生长，养根壮树，促进树体生长发育，是一项土壤管理必不可少的措施。

成龄果园宜全园覆盖，幼龄果园宜树盘覆盖。覆盖时间宜在春季土壤温度上升后的 5 月上旬前后，覆盖前要把果树树盘土壤扩穴深翻，把地面整平，浇透水，将秸秆短截成 20 厘米长的小段后再覆盖，直接覆盖在行间和树盘下，覆盖厚度通常要求在 10~20 厘米，通常距树干 30 厘米以内不覆盖，以利春季地温回升，防止病虫鼠危害及冬季根颈受冻。覆盖后撒少量土压实，之后每年加秸秆覆盖，坚持覆盖 3~4 年后可将秸秆翻入地下，同时再进行新一轮覆盖，果园覆盖后由于覆盖物腐熟分解和土壤微生物繁衍，需要适量补充氮素，避免出现缺氮现象。

4. 合理间作

果树间作是指在果树行、株之间空地种植绿肥或其他作物，是果园土壤管理的一项重要工作。幼龄果园及树冠封行前均可适宜间作，落叶果树在休眠期可栽种短期蔬菜或冬季绿肥。合理间作既保水土、防杂草、增加土壤有机质、改良土壤结构、提高土壤肥力，又能充分利用阳光、增加收益、降低生产成本，同时，还能缩小地面温度变化，改善微区气候。但作物间容易发生与果树争水、争肥、争阳光的不良影响，因此要注意选择好间作植物、留足果树营养带、间作物残渣翻压、加强管理。

（1）**选择间作植物**。应选择适应当地气候、生长期短、植株矮小、改良土壤结构、经济价值较高、病虫害较少且不至加重果树病虫害的作物种类或者绿肥作物，如豆类、花生等豆科作物，尽量避免用叶菜类作物，但间作大葱能控制苹果蚜虫发生，间作大蒜能降低腐烂病发生，可选大葱、大蒜与果树间作。

（2）**留足果树营养带**。果园中其他作物与果树间作一定要留足果树营养带，一般一年生果树留 1.5 米，二年生要达到 2 米，三年生 2.5 米，进入结果期应停止间作，不能因间作而影响果树生长。在栽培距离 4 米×5 米条件下，果树间作的年限为 3~4 年，其中 1~2 年果树可间作幅度 4.0 米的经济作物，3~4 年果树可间作幅度 3.0 米的大豆；新栽幼树间作带面积不宜超过果树面积的 50%，果树栽植行应保持清耕状态。

（3）**间作物残渣的翻压**。绿肥翻埋以盛花期最适，此时产量高，养分含量高，而且茎叶鲜嫩多汁，容易在土壤中腐烂。其他间作物残茬应在收获后及时翻入土中，不要等到茎叶干枯再翻压。可结合深翻改土进行，即在果树两侧或一侧开条状深沟的方式翻埋，以利改良土壤、间作物残茬在土中分解时产生有机酸，翻压前可按每亩均匀撒施石灰 30~50 千克，以中和酸性，增加土壤钙质。

（4）**加强间作园管理**。果园间作会造成果树和间作物之间争肥争水及病虫害相互影响的矛盾。因此，应按果树和间作作物的生长高峰期，及时安排追肥、灌水；同时按果树和间作作物的病虫害发生期提前预防；在正常施肥的基础上，豆科作物要适当多施磷肥，西瓜和辣椒多施钾肥，这样对果树和间作物较为有利。

5. 深翻施肥

土壤深翻可以促进团粒结构的形成，增强土壤的透水性和保水能力，提高土壤肥力，进而促进果树生长，增加果实产量。

深翻施肥以 8 月中下旬至 9 月上中旬为最佳时期。常用的深翻方式有树盘扩穴和条沟深翻。一般来说，深翻必须与施肥结合起来，苗木和幼树需磷肥较多，以扩大根系和分枝，在定植时和定植后的头 2 年深翻扩穴时，最好选用充分发酵的鸡粪或鸭粪；在定植后的第三年或第四年，深翻扩穴施用的肥料可逐渐改为猪粪或牛粪。某些矿物源物质如碱性矿渣、钾矿粉、磷矿粉、石灰石等，含丰富的钙、硼、锌、铁等矿质营养，可在深翻的过程中缺啥补啥，且与有机肥一起实行全层或分层施用，可以提高其利用效果。

在深翻中还应大量应用秸秆，禾本科作物的秸秆都是富含钾的，秸秆肥往往用在下层，能充分缓冲由于土体压力形成的下层土壤的紧实程度，有利于根系的深入，深翻施肥一定要分层进行或实行全层混合，如深翻 60 厘米，分层施肥至少可分 3 层，最下层为秸秆，秸秆上覆土 10 厘米后再施农家肥的一半，其上覆土 10 厘米后再施另一半农家肥，然后再全面覆土。

6. 清耕法

清耕法就是经常对果园土壤进行中耕锄草，其优点是短期内可以显著地增加土壤有机态氮素，土壤疏松，透气性好，能起到保水、保肥和除草作用，有利于果树根系生长。但长期清耕会使土壤有机质含量降低快，土壤结构受到破坏，底层坚硬，影响根系伸展，水土流失严重，尤其是山地果园。这种方法主要针对面积不大的果园，在 4—9 月进行，一般全年 5~6 次，深度 10~15 厘米。

> ▷ **果园应该如何进行合理施肥呢？**

果树每年要结大量果实，需消耗大量营养物质，果树施肥是维持树体生长发育，增加产量的基础，果树施肥合理与否，对果实品质具有重要影响，是种植果树成败的关键因素之一。

1. 施肥原则

施肥时应兼顾果树营养需求和果园土壤肥力。所使用的商品肥料应具备生产许可证、肥料登记证、执行标准号，并应符合 NY/T 496—2010《肥料合理使用准则　通则》的规定。不应对果园环境和果实品质产生不良影响，不应使用工业垃圾、医院垃圾、城镇生活垃圾、污泥腐熟和未经腐熟处理的畜禽粪便。应采用叶分析施肥或测土配方施肥技术，科学使用化肥。应建立和保存肥料使用记录，主要内容包括：肥料名称、类型及数量、施肥日期、施肥地点、面积、施肥用量、施肥机械的类型、施肥方法、操作者姓名等信息。施肥机械状态良好，且每年至少校验一次。使用完毕后的施肥器具、运输工具和包装用品等，应严格清洗或回收。

施肥的基本原则如下。

第一，在各种果树肥料中应坚持以有机肥为主，无机肥为辅，有机无机相结合的原则，不应过度施用化肥，尤其不可偏施氮肥来提高果品产量和质量。

第二，施用无机肥料，应尽可能多施用复合肥或果品专用肥，有针对性地补充园土中各种营养元素的亏缺，保持营养元素间的平衡。

第三，要逐步做到真正科学施肥和经济有效地施肥，不应盲目施肥或凭经验施肥。

第四，无论施用任何肥料，均不能对环境和果树造成污染，不使有害物质残留影响人体健康。

2. 合理施肥

基肥施用一般在秋季进行，果实已采摘完毕。一般在 9—10 月落叶前施用较好，基肥施用量应占全年施肥量 70% 左右。每棵树的施肥量要根据果树的长势、生长时期等条件决定。施基肥的方法是幼树用环状沟，大树宜采用辐射沟或行间开沟施入。土壤追肥一般一年两次：在开花前或盛果期根据土壤肥力检测结果，追施适宜种类的复合肥、尿素等化肥。叶面施肥主要在开花前、花期、落花后和果实着色前，一般喷施 0.3% ~ 1% 尿素，0.05% ~ 0.1% 硼砂或硼酸，钙肥或 0.3% 磷酸二氢钾等。叶面喷肥宜在近傍晚时进行，喷洒部位以叶背为主。

肥料的施用需要进行详细记录。主要记录施用地块、施用日期、肥料名称、有效成分及含量、施用量、施用方法、操作者等施肥信息。

3. 施肥方法

施肥方法主要有土壤施肥和叶面施肥两种。

（1）土壤施肥。主要有放射状沟施、环状沟施、条状沟施、穴状沟施肥和全园施肥等方法（图5-2）。放射状沟、环状沟、条状沟施基肥时，一般宽40~50厘米，深50厘米左右。行间沟施肥法适用于栽植密度较大的果园，施肥前，沿行向挖施肥沟，沟宽50~60厘米，沟深60~70厘米，沟长与树行相同。施肥时，将基肥与表土拌匀，施在根群主要分布层的深度，然后将底土填在施肥沟的表层。秋冬施用时，施肥沟不必一次填满土，距离地面15~20厘米即可，以利冬季承接雨雪，次春发芽前，再将其他底土填入沟内。穴状施肥法是在树盘外缘每隔50厘米，深挖30~40厘米，直径30厘米左右的穴，根据树体大小，穴可挖成1~2环，以扩大施肥面积。挖好后将肥料施入并与土壤混合，覆土填平，此法多用于追肥。全园施肥法是先将肥料均匀撒于园中，然后翻入土内，深20~30厘米，此法适用于成年果园或者密植园。

放射状沟施

环状沟施肥

条状沟施肥

穴状沟施肥

图5-2 土壤施肥方法

（2）**叶面喷肥**。叶面施肥又称根外追肥，是辅助性的施肥措施，即把果树所需的营养类、调解类物质施用于叶面，通过叶表皮细胞和气孔进入植物体的施肥方法。叶面营养是植物根外营养的重要途径。叶面追肥可单独进行，也可几种肥料混合喷施或与农药混喷。但混喷要注意肥料之间或与农药混施不能产生肥害或药害，如酸碱不同的农药和肥料不可混用，各种微肥不能与草木灰、石灰等碱性肥药混合。为延长叶片吸肥时间，提高肥料利用率，叶面追肥最适温度 18～25℃，湿度较高些好，因而酷夏喷肥最好在上午10 时以前和下午 16 时以后，在半阴无风天喷施效果最好。叶面追肥时要先上后下，均匀周密，以喷洒叶背为主。叶面追肥有效期一般仅 12～15 天，需连续喷洒 2～3 次，长期喷施会影响根系生长，削弱根系的生理功能。

4. 施肥时期及施肥量

（1）**基肥**。基肥分为秋施、冬施和春施，从果实采收后翌年春季萌芽前这段时间，一般适宜秋季施用，施用量应占全年总施用量的 1/3～1/2 为宜，以厩肥等有机肥料为主，掺入部分氮素、磷素、速效肥，肥料要经过堆沤。但应注意厩肥、堆肥不宜与硝酸磷肥混合施用；粪尿肥不宜与碳酸氢铵、氨水、过磷酸钙等肥料混用；草木灰不宜与碳酸氢铵、尿素、过磷酸钙等肥料混用。一般果园单株施土杂肥 100 千克，可在生长中后期喷施 0.4%～0.5%磷酸二氢钾 2～3 次，作为地下基肥的补充。

（2）**追肥**。追肥的次数和时期与树种、品种、气候、土质、树龄和设计产量等有关，一般来讲果树追肥分为分花期和幼果期两大时期。花期追肥以速效氮肥为主，配以适量磷肥。幼果期追肥以含氮、磷、钾三元素的复合肥为主，不可偏施氮肥。此外应注意，高温多雨地区或沙质土肥料易流失，追肥应该少量多次，反之追肥次数适当减少，幼树追肥次数宜少，随着树龄增长结果量增多，长势缓慢，追肥次数也应增多，以调节生长和结果的矛盾。生产上对成年结果树一般每年追肥约 2～4 次，氮需要根据果园具体情况酌情增减追肥。追肥的肥量约等于全年施肥量减去基肥用量。

严格执行肥料合理使用原则，坚持以增施有机肥为主，配之以化肥。积极推广测土配方施肥，严格控制化肥施用量。根据果品需要平衡施肥，施用经过无害化处理的有机肥，以及配合施用配比合理的无机复合肥。做好肥料使用的档案记录，肥料按种类不同分开堆放于干燥、阴凉的场所，避免因环境因素造成肥力损失和环境污染。严禁使用含有毒离子、重金属离子的化学合成肥料，禁止使用硝态氮肥、含氯离子的肥料，最后一次追肥必须在收获前 20 天之前进行。

➤ 果园如何浇水效果最好?

水是果树的重要组成部分。果树的叶、枝、根部含水量约为 50%，而鲜果含水则高达 80%～90%。果树在生长发育期，如缺水则影响新梢的生长，影响果实的增大和产量的提高，甚至裂果、落果。水还是果树生命活动的重要原料，有调节树体温度的作用，是影响果树生育环境的重要因素。正确的水分管理，对果树有多方面的良好作用，水分管理主要包括灌水与排水。

1. 灌水

（1）灌水时期。适时的灌水时期要在果树未受到缺水影响以前进行，要掌握好花前灌水、新梢生长和幼果膨大灌水、果实迅速膨大期灌水、采收前后和休眠期灌水这四个关键时期的灌水。

开花前期灌水。此时，土壤水分充足，可增强新梢生长，加大叶面积，增强光合作用，使开花坐果正常，如早春干旱地区缺少雨水，此时灌水更为重要。

新梢生长和幼果膨大期灌水。此时果树对水分的需要量最多，如果说这个时期的水分不足，就会使果树的叶片和枝叶以及干部能够夺取幼果的水分，发生果树的幼果脱落的现象，致使果树的产量下降；此时自然降水不足的地区必须灌水。

果实迅速膨大灌水期。这个时期的果树是果实生长的关键时期，对于大部分落叶果树来说，此时既是果实迅速膨大期，也是花芽大量分化期，如果缺少水分，会使果实发育不全，果实品质下降，花芽分化受限制，影响连年丰收。对于常绿果树而言，此时也是生长及旺盛时期，结合追肥进行灌水，对提高产量和增进果实品质有重要意义。

采收前后和休眠期灌水。大多数落叶果树，在采收前，如土壤不十分干旱则不宜灌水，以免降低品质或者引起裂果，秋冬干旱地区采果后，灌水可使土壤中贮备充足的水分，有利于肥料的分解，从而促进果树翌年的生长发育，在北方寒冷地区，果树越冬以后极其容易发生抽条现象，在入冬前灌溉 1 次透水可以防止抽条，这对于果树越冬极为有利。柑橘等常绿果树，果实采收前后结合施肥进行灌水，有利于恢复树势，积累营养物质，促进花芽分化。

（2）灌水量。灌水量应根据树种、品种，树冠大小、土质、土壤湿度、降雨情况和灌水方法来决定。耐旱果树如枣、杏等灌水量可少，需水多的树种如苹果、葡萄、梨等灌水量要多，沙地果园保水保肥力差，宜少量多次灌水。一般情况，一次灌水量应以渗透根系分布层为准，前期达到田间最大持水量的 60%~70%，后期达到田间最大持水量的 50%~60%。

（3）灌溉方式。灌水一般采取以下几种方式（图5-3）。

沟灌：在果园行间开灌溉沟，一般沟深 20~25 厘米，并与配水道相垂直，灌溉沟与配水道之间有微小的比降。

分区灌溉：把果园划分成许多长方形或正方形的小区，纵横做成土埂，将各区分开，通常每一棵树单独成为一个小区。

盘灌：以树干为中心，在树冠投影以内的地上作树盘，树盘与灌溉沟相通。灌溉时使水流入树盘内，灌溉前疏松盘内土壤，使水容易渗透，灌溉后耙松表土或用草覆盖，以减少水分蒸发。

穴灌：在树冠投影的外缘挖穴，将水灌入穴中，以灌满为度，灌后覆土。

喷灌：有固定管道式和移动式两种，可减少对土壤结构的破坏，可保持原有土壤疏松状态，可以调节果园小气候，减免低温、高温、干热风对果树的危害，从而提高果品产量。

滴灌：通过插入土壤或放在树盘根际处的滴嘴，可按照一定的速度自动控制水滴调节供水，使土壤经常保持适宜的湿度。仅湿润作物根部附近的土层和表土，既节约用水，又可大大减少水分蒸发，提高产量，但是管头容易堵塞，冻结期不能应用。

含有盐碱受污染及对人、畜有害的水不得用于灌溉，用于灌溉的水，水质应符合国家标准 GB 5084—2005《农田灌溉水质标准》。早春气温较低，

滴灌　　　　　　　　　　　　　　　沟灌

图5-3　灌溉方式

适宜在中午水温较高时进行浇水，夏季高温时，漫灌或者沟灌适宜在傍晚进行。有条件的情况下，尽量采用沟灌、喷灌、滴灌、渗灌等节水灌溉方法，避免水资源浪费。

（4）**灌溉水管理**。每年需对灌溉水质进行至少 1 次监测，评估其是否满足灌溉水质要求。不使用未处理的生活污水灌溉，处理后的生活污水用于灌溉，其水质应符合 GB/T 22103—2008《城市污水再生回灌农田安全技术规范》的要求。建立灌溉操作记录，包括地块名称、品种名称、灌溉日期、用水量、操作者姓名等信息。

2. 排水

排水不良，根部呼吸受到抑制，严重地影响果树地下部和地上部的生长发育。果园排水不良，土壤含水量过大，挤掉了土壤空气，短期内果树根系呼吸受抑制，时间延长会死根甚至落叶死树。因此，在多雨季节或一次降雨过大而造成果园积水成涝时，要尽快挖明沟排水。

第四节 树体管理

为了便于肥料、阳光、水分的有效利用，获得高产、稳产、优质的果品，取得良好的经济效益，需要对树体进行科学的管理。主要包括修剪（冬剪、春剪、生长季修剪）和花果管理和套袋管理。

➢ 应该怎样整形修剪？

当前家庭农场仁果类果树一般修剪成疏散分层形，核果类果树常用自然开心形或纺锤形，蔓性果树常用棚架和篱架形。随着矮化密植的发展，则多采用纺锤形、树篱形及篱架形，在超密植情况下又出现了圆柱形和无骨干形。

1. 冬剪

（1）**修剪时期**。冬剪也叫休眠期修剪，一般是在落叶果树从秋季落叶后至翌春萌芽前，常绿果树从秋冬果实采收后至翌春萌芽前进行。实际操作时间根据品种、树种、树龄、立地等确定。一般抗寒性强或伤流明显树种适当早剪，抗寒性弱或不伤流的树种可适当晚剪。先剪发芽早、成熟早的品种，后剪发芽晚、成熟晚的品种。不同树势树龄的，成年树早剪，幼树晚剪；壮树如不想削弱树势要早剪，弱树和病虫重的晚剪。小年早剪，大年晚剪。立地条件好的果园，果树长势旺可早剪；立地条件差的果园，果树长势弱应晚剪。先剪阳坡，后剪阴坡。

（2）修剪树形。密植幼株一般采取纺锤形修剪方法培养树形，结果树主要是调节树势。对大年树疏芽疏花、疏弱枝，多留营养枝；小年结果树以保花为主，对营养枝条轻短截。老年结果树以更新复壮为主，重短截或疏掉老枝组，培养较新的结果枝组，疏弱枝留壮枝。对树势旺盛品种，剪枝可以疏枝短截，对成枝力弱的品种，主要采取回缩短截，刺激新梢形成，调整好树势，培养新的结果枝组。冬剪一般情况下要疏除病虫枝、竞争枝、徒长枝、背上枝、过密枝、重叠枝、交叉枝、细弱枝、对生枝、干枯枝。果树修剪后，树形要求枝条上下不重叠、邻枝左右不交叉、错落有致、花芽和叶芽分布均匀。

（3）冬剪的方式。常见的冬剪方式有短截、疏剪、缩剪、长放。

短截。又称短剪，即剪去一年生枝条的一部分。短截对枝条生长有局部刺激作用，越接近剪口反应越明显。总的说来，短截因促进分枝，刺激新梢生长，会使冠内枝条加密，影响通风透光，新梢停长延迟，对以顶花芽结果为主的树种，不利花芽形成。特别在幼树期最为明显。短截程度不同，对枝条的作用也不同。一般可分为轻、中、重三种。去掉枝条长度的 $1/4 \sim 1/5$ 为轻短剪，去掉 $1/3 \sim 1/2$ 为中短剪，去掉 $2/3 \sim 3/4$ 为重短剪。一般短剪越重，对剪口附近的芽刺激越大，发出的枝数越少而生长势强，但过重短剪则会削弱生长势。轻短截后局部刺激作用较小，易发出较多的中、短枝，有利于花芽的形成。但各树种品种反应的敏感程度有差别，须区别对待。短截后的反应还受剪口芽质量、枝条着生部位、着生角度和生长势的影响。总的说来，枝条优势越强，则影响越大，所以应根据具体情况灵活运用。

疏剪。将一年生枝或多年生枝条由基部疏除称为疏剪。疏剪的局部刺激作用不明显，由于去掉部分枝条，能改善冠内通风透光条件。一般疏剪对着生的枝条有削弱作用，疏枝越多，削弱越重，所以在平衡树势时常加以利用。对萌芽率高、成枝力强的树种采用较多。疏剪常用于除去枯死枝、病虫枝、徒长枝、下垂枝、衰老枝及过密枝，疏剪程度要正确掌握。

缩剪。又称回缩，是对多年生枝短截。缩剪可缩短大、中枝的长度，减少枝芽量，缩短地上、下部距离，使养分供应集中，起到更新复壮作用，也可控制某些枝条的生长。因此多用于骨干枝或枝组的更新及控制辅养枝。

长放。又称甩放，对一年生枝不剪称为甩放、缓放或长放。甩放有缓和新梢生长势和降低成枝力的作用，使枝条增粗，萌发中、短枝加多，易于形成花芽。但萌芽低的品种，易出现光秃。幼树期，利用斜生枝、水平枝或下垂枝甩放，效果较好，可促使花芽形成。面对各类生长壮旺的枝条，甩放易破坏树势平衡，需配合手术措施或压枝等才易迅速达到削弱生长的目的。缓放的效果有时需要数年才可达到，对旺树应连续缓放，结果后再回缩，培养成结果枝组。生长势弱的树不宜缓放，否则容易衰老。

2. 夏剪

果树从萌芽后至秋季落叶前进行的修剪统称为夏剪，又称生长期修剪，夏季修剪是冬季修剪的补充，合理对果树进行夏剪，可增加分枝，加速整形，扩大树冠，改善通风透光条件，抑制营养生长，缓和树势，促进花芽分化形成，使幼树早期丰产，结果树稳产高产，提高果品质量。夏季修剪一般是为了抑制新梢旺长，去掉过密枝、重叠枝、竞争枝；改善通风透光条件，提高光合作用，使养分便于积累，促使来年形成更多的结果枝。要掌握好时机，多动手、少动剪，主要针对幼旺树、适龄不结果树、虽结果但树势偏旺的树，弱树不宜夏季修剪。果树在生长期进行的修剪主要有以下几个方面。

（1）花前复剪。在能够准确认出花芽和叶芽时及早进行，根据萌芽生长情况，再次调整留枝的密度和长度，调节花芽和叶芽比例，花芽过多的大年树，要求 1~2 年生骨干枝不留果枝，长果枝轻打顶，疏除过密弱枝、弱花芽。

（2）抹芽。一般是在果树发芽后开花前进行，是将位置不当或者过密的无用芽去除，如骨干枝上无用的不定芽，可以避免大量消耗树体营养，形成徒长枝条。

（3）环剥。一般是在 5 月下旬至 6 月上旬进行，是将枝干韧皮部剥去一环，环割、倒贴皮、大扒皮等属于这一类，在骨干枝距中央领导干 15~20 厘米处或侧枝的光滑部位进行，以不伤害木质部为宜，宽度为枝干粗度的 1/10~1/8，不同树种、品种环剥宽度不同，愈合力强的树种或者品种可稍宽些，环剥适用于未结果树或者结果但树势偏旺树，同时必须加强肥水管理。

（4）扭梢。一般在 5 月下旬至 6 月上旬新梢木质化时进行，可与摘心同步进行，将半木质化的枝条（20~30 厘米长）旺枝向下扭曲或将其基部旋转扭伤，既扭伤木质部和皮层，又改变枝梢方向。作用是控制新梢先端生长，有利于养分积累和促进花芽形成。扭梢主要针对主、侧枝两侧生长较旺的枝条，将其扭曲后使新梢的梢部与主侧枝平面呈135°的夹角，成花效果好，而且能有效控制二次生长。

（5）**摘心**。也叫打顶，指的是剪去当年萌发新梢的嫩枝部分。可在2个时期进行：①在新梢长到半木质化时，一般在5月下旬到6月中旬进行，约摘掉新梢的1/3，同时还要将摘心后的枝前端的1~3个叶片摘除，以利芽的萌发。摘心不能过早也不能太晚，因为过早摘心，往往只在先端萌发一芽，仍然跑单条，达不到促进分枝的目的；太晚摘心，新梢已接近封顶阶段，萌发力较弱，长出的枝也不理想；②在8—9月，新梢封顶前的7~10天进行，因为早了促进发枝，晚了形成腋花芽的作用又不大，这个作用主要应用于盛果期树，对幼树基本没有这个作用。

（6）**弯枝**。一般在7—8月进行，使新旺枝在外力作用下向下或往左右方向生长，也可绑在自身或别的枝株的枝条上，以改变生长方向，也可把枝条盘成一圆圈，但不可折断。这种方法可抑制枝条的生长，缓解果树顶端优势，改善果树光照条件，合理利用空间，加强光合作用，促发短枝，促进花芽形成。

（7）**断根**。一般在8—9月进行，这种方法指的是以主干为中心，取冠半径1/3处开50厘米深、20厘宽的半包围沟，切断侧根，捡净断根，连体根切面要光滑平整，不可伤及果树主根，但可切除老化侧根及毛细根。

（8）**去叶**。一般在9月进行，方法是疏除过密的叶片，要注意疏除叶片在果树的部位不宜过高。去叶可改善树冠内部和果实的光照，促进花芽的形成，增强果实的色泽，有利于果树及早进入休眠状态。

（9）**捋枝**。对当年旺长枝由基部至顶部弯曲枝条或用手捋一捋，使木质部受伤而皮层不裂损，有利于旺梢生长，促发健壮短枝。

（10）**疏枝**。将避光挡风、扰乱树冠的无用枝尤其是旺长枝条，从基部疏除，以减少分枝促进结果。

➢ 如何对花果进行管理，提高产量和质量？

花果管理是确保果树高产优质高效，保证连年丰产，获得较高经济效益的主要技术之一，包括疏花疏果和保花保果两大部分。

1. 疏花疏果

疏花疏果就是疏去多余的花果，减少后期生理落果。一株果树上或一个枝条上，如果挂果过多，结的果不但个小，等外级果增加，而且果实品质不佳，还会因果实彼此争夺营养，导致树势衰弱，影响花芽分化，来年必然花少，将会出现大小年结果现象。在落花后还要进行疏果，疏果的时间应该早，早疏果少消耗养分，有利于保留果生长发育。疏花疏果可促进果树连年稳产，提高坐果率，提高果实品质，使树体健壮。

现阶段我国家庭农场仍以人工疏花疏果为主，可以从冬剪开始。例如：对大年苹果树实行重剪，保留较少的枝量和适量的花芽。梨和桃树在正常管理条件下，每年均能形成大量花芽，所以冬剪量一般均比杏、柿、核桃、板栗、苹果、枣树大（剪去带花的枝量大）。葡萄现在推广的短枝修剪（每一结果母枝上仅留1~3个芽）就是典型的冬剪"疏花疏果"。树体经过严冬后，应根据其花蕾的数量和当年的天气状况，尤其是对开花期晚霜和寒流的推断，对冬剪进行一次补充修剪即花前复剪，以调节花量。花期和花后可疏花和疏幼果。在劳力充足的情况下可疏花，在第一次自然（生理）落果后及时疏幼果，直到落花后4周内结束，并定果。不同树种最后定果的时间不一。梨树定果的时间在花后2周左右完成；葡萄约在花后2周以后，小果明显出现大小粒时进行；苹果和桃则应在花后4周内结束；不同品种间也有较大差异，如苹果中的红富士、金冠在花后20天定果（疏果后一般不再脱落），而红星、乔纳金则必须最后定果，以防定果后再次脱落。

疏花疏果必须严格依照负载量（每株每亩产量）指标确定留果量。不同树种的留果量不同。对肥水条件基本达到要求的盛果期树，如苹果树一般要求亩产量常年保持在1 500~2 500千克；梨2 000~3 000千克；桃1 500~3 000千克；杏1 500~2 000千克；葡萄1 000~2 500千克；核桃1 000千克左右；柿2 000~3 000千克；鲜枣1 000~1 500千克。

依照负载量标准，采用果台间距（果与果之间距离）为指标进行疏果和留果。如苹果、梨、桃疏果时，果台间距多控制在25厘米左右。为了保证果品质量，苹果、梨每花序最多只留一个果，留有部分空果台。苹果多留花序中心果，梨多留基部低序位果；葡萄则要求疏果后，果穗大小适中，使每一粒均有充分发育的空间，果粒大小一致，颜色均匀。留果的部位应多集中在树冠通风透光良好，且能发育成优质果的部位。应及早疏去弱枝果、小果、背上果、病虫果和畸形果。苹果、梨不留梢头果，桃树的梢头果则要多留。

在疏花疏果的过程中，还应注意：疏除越早，效果越好，尤其对促进花芽分化，防止隔年结果更为有利；由于树种和品种的坐果率不同，尤以开花期遇阴天、晚霜、寒流时，则每次疏去的花果量要留有余地。可结合果实套袋定果，以保证产量；人工疏花疏果费时费工，在劳力紧缺和面积较大的农场应做好计划和安排，有条件可摸索和完善化学疏花疏果的方法。

2. 保花保果

在生产中会遇见果树花芽数量少、坐果率低、落花落果的现象，为了提高坐果率，提高产量，需对果树采取保花保果措施。常采取提高树体营养水平、创造促进授粉受精条件、喷施植物生长调节剂和微量元素方法。

（1）提高树体营养。加强水肥管理，可深翻改土，增施基肥，合理追肥，及时灌溉，果树落花落果常与缺肥少水有关，9—10月是果树根系的第三次生长高峰期，根系生长快、发根量大，吸收养分迅速，施入的肥料分解转化后能尽快贮藏于树体中，满足来年开花坐果、抽枝展叶对养分的需求；减少营养无效消耗。对花量过大的树来说，疏芽优于疏蕾，疏蕾优于疏花，疏花优于疏果，因此提倡疏芽，以最大限度地减少营养无效消耗。

（2）创造促进授粉受精条件。配授粉树，建园时必须按照要求配置好授粉树。在授粉树选择不当、数量不足或配置距离过远（超过30~60米）的情况下，可采用高接换种的方法增加授粉树，解决长期授粉问题。花期放蜂，一般每4~6亩园放1箱蜂，蜂箱最好安放在授粉范围的中心位置，蜂箱间距以不超过400米为宜。每只蜂在每朵花上停留约5秒钟，每小时可采700朵花，每株树上只要有3~5只蜜蜂活动，便可在很短时间内将盛开的花采一遍粉。果园缺乏授粉树的，可从其他果园采集异品种花枝，插于水罐（瓶）内，均匀挂在园内树上。花期遇到阴雨、低温、大风天气，进园的蜜蜂少，应及时人工辅助授粉，以保证坐果。

（3）喷施植物生长调节剂和微量元素。落花和落果的直接原因是离层的形成，当前生产上应用植物生长调节剂和微量元素对防治离层的产生有一定的效果。初花期和花后喷施生长调节剂和微量元素肥可促进受精，促进子房、种胚和幼果发育，显著提高坐果率，花期和果期落花和落果，各个农场因当地条件、果树种类和品种不同，使用植物生长调节剂和微量元素的种类、用量和时间等都不一样。使用时，可先进行试验，再进行全面使用。

> **如何对需套袋的果实进行管理，提高质量？**

果实套袋是用特制的纸袋将果实完全套起来，是生产优质果品和提高果品附加值重要的、行之有效的栽培措施之一。进行果实套袋不仅有利于果品质量的提高，有利于果品的贮藏，减少病虫的危害，减少农药的使用量，降低果实农药的残留，同时还是改善果实外观，提高果实的商品性，增加经济效益的有效技术措施。

1. 果袋的选择

果袋的材料一般选用抗风吹雨淋、透气性良好的纸袋，并根据果树品种、果个大小、果实的感病程度以及具体对果实的需要，而采用不同的质地、颜色、大小、层数的纸袋，多为双层，少为单层，也有用塑料袋的。目前使用的果袋有三种类型，分别是不透光的双层纸袋、单层纸袋、塑料薄膜果袋。目前，常用的纸袋多为日本和我国台湾的双层袋。双层袋外层为防潮纸，内层为防菌纸，选用特制黏合剂。塑料薄膜果袋具有良好的防虫防腐效果，虽然果实外观效果不如双层袋好，但其具有成本低、价格便宜、可带袋采收等优点。应注意，不能用市场上的一般塑料做的果袋，农场可根据自己的生产目标和经济实力，选择不同类型的果袋。

2. 套袋时期

套袋时期原则以早为好，针对不同的树种品种，套袋时期一般为花后30~50天进行。如苹果生理落果后、梨在花后30天即开始套袋。套袋前应进行疏果，选择果形、果穗形状好、无病虫害的果实，在疏果、定果的基础上开展套袋。在套袋前，应先将整捆果袋放在较潮湿处1~2天，使其返潮柔韧便于使用。套袋顺序应先上后下，先内后外，减少碰落和损伤果实，同时注意扎丝要扎紧袋口，但不能夹在果柄上以防果柄受损引起落果。

3. 套袋果园的管理

实行果实套袋虽然具有提质增效的作用，但在管理上更要予以加强。一要注意套袋果园枝干和叶片病虫害的防治，特别是早期落叶病、枝干腐烂病、轮纹病等的防治；二要注意套袋树枝条的合理分布，生长季节控制冠内徒长枝及遮光枝条，做到通风透光；三要注意加强肥水管理，增强树势，干旱天气及时灌水，防治或减轻日灼。

4. 摘袋时期与方法

除袋一般在采收前30天左右。除袋过早、过晚都不利于果面光洁和着色。除袋应在阴天或晴天的上午10时以前、下午17时以后进行。除单层袋时，要把纸袋撕开，呈伞状，让纸袋覆罩果实2~3天。除双层袋时，先把外层纸袋全部除掉，内层纸袋再撕成伞状，保留3~5天，待果实完全适应外界环境后，再将保留的残破纸袋完全除掉。这样，可避免因立即除掉纸袋而造成果面日灼，有利于果实着色均匀、快速。透光塑料薄膜果袋可不摘袋，带袋采收，带袋贮藏。

第五节　病虫害防治

病虫害会对果品质量和产量造成影响，轻则使果实腐烂、落果、品质变劣，重则造成绝收。病虫害防治是果品生产上的一个重要问题，为了获得高质量和产量的果品，必须加强对病虫害的防治工作。

➢ 病虫害如何防治？

1. 防治原则

以农业防治和物理防治为基础，提倡生物防治，科学使用化学防治技术。尽可能选用高效、低毒农药种类，有计划地轮换使用农药，减缓病、虫的抗药性。尽可能减轻农药对环境的破坏和对天敌的伤害。保存实施病虫害防治的相关记录。配备经过正规培训并具有作物保护相关资质和能力的技术人员。

2. 防治的措施

病虫害的防治以农业防治和物理防治为基础，提倡生物防治，按照病虫害的发生、发展和流行规律，科学地使用化学防治技术，有效控制病虫害危害。

农业防治。培育无毒苗木，发现有病毒的果树，修剪时做出记号，将其与健康的树区分开来，不使用同一把剪刀修剪，杜绝病毒的蔓延传播；加强栽培管理，及时剪除病枝、弱枝、残枝等，健壮树势，提高树体抗病能力；合理整形修剪，做到通风透光，恶化病虫害的生活条件，阻断病虫害的传播途径；砍除转主寄主，合理间套种其他作物，以不相互传染病虫害为原则。

物理防治。根据害虫生物学特性，采取糖醋液、树干缠草绳和黑光灯等方法诱杀害虫。采用人工捕杀害虫的方法。

生物防治。充分利用寄生性、捕食性天敌昆虫及病原微生物，调节害虫种群密度，将其种群数量控制在危害水平以下。在果园内增添天敌食料，设置天敌隐蔽和越冬场所，招引周围天敌。饲养释放天敌，补充和恢复天敌种群。如人工释放捕食螨，防治红蜘蛛。使用生物源农药，如微生物农药、植物源农药。限制有机合成农药的使用，减少对天敌的伤害。

化学防治。禁止使用剧毒、高毒、高残留或具有三致（致癌、致畸、致突变）的农药；提倡并鼓励使用农业部推荐的农药、生物源农药、矿物源农药、新型高效低毒低残留农药；在使用农药时，应合理选择农药种类、施用时间和方法，严格按照规定的浓度、每年使用次数和安全间隔期要求施用，保护天敌；不同作用机理农药的交替使用和合理混用，施药均匀周到，以延缓病菌和害虫产生抗药性的时间，提高药效。农药的使用应严格按照农药标准相关规定的使用量和安全间隔期操作，应建立农药购货渠道和使用记录，主要内容包括：品种、种植基地名称、种植面积、农药名称、防治对象、使用日期、天气情况、农药使用量、施用器械、施用方式、安全间隔期及操作人签名等信息。

应有农药配制的专用区域，并有相应的配药设施。农药配制、施用时间和方法、施药器械选择和管理、安全操作、剩余农药的处理、废容器和废包装的处理按《农药安全使用规范》标准执行。

3. 病虫害防治关键时期

病虫害发生初期防治：一般果树病虫害发生分为初发、盛发和末发 3 个阶段。应在初发阶段或菌源尚未蔓延流行之前进行防治，虫害应在发生量小、尚未开始大量取食为害之前防治。

（1）病虫生命活动最弱时期防治。一般害虫宜在 3 龄前的幼龄阶段防治，此时虫体小、体壁薄、食量小、活动集中、抗药能力低、药杀效果好。

（2）害虫隐蔽为害前防治。害虫在果树枝干、花、果实、叶表面为害时喷药防治，易触杀而致死，一旦蛀入为害，防治比较困难或无效。因此，卷叶虫、潜叶蛾类害虫应在卷叶或潜入叶内之前防治，食心虫类害虫应在进入果实前防治，蛀干害虫要在未蛀入前或刚蛀入时防治。

（3）选好天气和时间。防治果树病虫害，不宜在大风天气喷施药物，以免影响防治效果。保护性杀菌剂宜在雨前喷施，内吸性杀菌剂应在雨后喷施。具体时间应该避开高温、低温，温度高时杀虫效果好，但要预防药物中毒。

➢ 不同部位的病虫害应如何防治？

1. 根部病害

主要有根腐病、根癌等，对此类病害须加强土壤管理、合理施肥、灌水。对根部消毒常用药剂：多菌灵、甲基硫菌灵、农抗 120 等。

2. 枝干病害

枝干部病害主要有干腐病、腐烂病及流胶病等，防治关键是冬季至发芽前，剪除病枝，刮治干腐病、腐烂病的病斑。方法是将病皮彻底刮净，周围见到好皮，边缘整齐利于愈合，再用药涂抹病部，可用4%农抗120水剂50倍液、30%腐烂敌30倍液等。

3. 叶部病害

苹果树主要有早期落叶病、斑点落叶病；梨树主要是黑星病；桃、杏、李、樱桃树主要有穿孔病。防治方法：用农用链霉素1 000倍液、50%硫菌灵500倍液、10%世高800~1 000倍液、70%甲基硫菌灵1 000倍液交替轮换使用防治效果较佳。

4. 果实病、虫害

（1）果实病害。苹果主要有轮纹病、炭疽病等；桃褐腐病、疮痂病等；葡萄白腐病、灰霉病等。防治方法：不同病害，应根据侵染特性，在侵染期做好防治，一般花期侵染较多，是防治的关键时期，如苹果、梨要在花后1周开始喷药，可用甲基硫菌灵800倍液、多菌灵600倍液或复配药剂，如代森锰锌1 000倍液+多菌灵800倍液。

（2）果实虫害。最常见的虫害是蚜虫，一般用10%氯氰菊酯、50%抗蚜威3 500~5 000倍液防治；螨虫可选用1.8%阿维菌素1 000倍液、阿克泰1 500倍液防治。

农药使用按照《绿色食品农药使用准则》规定执行，严格控制施用量。在生产中严禁使用剧毒、高毒、高残留农药和国家明文规定不得在果树上使用的农药；尽量减少化学农药的使用，积极使用生物农药，配合检测部门定期检测，控制好农药残留，防止超标；根据病虫害发生情况或技术部门的病虫情报，合理用药，做到适期防治，对病下药；严格掌握农药使用的安全间隔期，安全合理使用农药；及时做好农药使用的档案记录。

第六节 其他管理技术措施

▷ 设施栽培技术包括哪些？

设施果树是利用温室、塑料大棚、遮阳网等设施，人为调控设施内的环境因子以适应果树生长发育的需求，达到调节采收期和提高果实品质和产量的栽培方式，以满足市场果品的常年供应。

1. 设施结构

果树设施栽培结构多种多样。从覆盖形式看，可分为浮面覆盖、防雨棚、薄膜日光大棚、薄膜日光温室和玻璃日光温室；从自动控制化程度看，又分为简易设施和高级设施两大类。浮面覆盖和防雨棚属于简易设施类，其中，防雨棚使用遮阳网、聚乙烯薄膜等覆盖在大棚顶部，起到避雨、降温、防病、防水土流失等作用，可以适当提早或延缓果实成熟；浮面覆盖是用通气透光、轻巧的材料直接覆盖在果树植株上，达到防寒、防霜、防风、防鸟的目的；薄膜日光大棚、薄膜日光温室和玻璃日光温室属于高级设施类，是果树设施栽培的主要形式，具有很强的环境调节功能。根据自动控制化水平的不同，有高度自控化的温室、塑料大棚和植物工厂，采用计算机大规模联网，监测各项环境因子，实现环境条件的自动调节。

2. 品种选择

品种选择要注意以下 4 点：①要选择发芽较快，开花容易而且结实率高的品种；②要选择色泽鲜艳、口感好、市场需求量较大的品种；③要选择容易成活的品种，对于光线较弱、环境温湿的温室环境有较强的适应性；④要选择适应当地的环境条件、适宜当地发展的品种。

3. 环境控制

（1）光照。大棚内光照强度为自然光照的60%～70%。为增强棚内光照强度，充分利用光照，目前采用的措施有：棚体不宜过高，因为每高出 1 米下部减少光强约10%，宜采用南北棚向，倾斜式栽植，南低北高；选择透光性能好的覆盖材料，并保持棚面清洁；地面铺设反光膜，充分利用反射光；人工补充光照；选用耐弱光的树种。

（2）温度。大棚温度（包括气温和土温）应根据果树不同生长发育阶段对温度要求的不同而灵活调节，调节手段主要有保温、加温、通风、遮阴等。当白天温度过高时，选择上午 9 时至下午 16 时放风降温；当遭遇低温时，应及时采取覆盖保温材料或烧煤、燃油、电热、沼气燃烧、点或熏烟等方式进行加热。设施果树对温度的敏感期主要是萌芽开花期和果实发育膨大期，在这两个生长阶段前后要控制好棚内温度。提高土温可促进早萌发，提高萌发整齐度，但土温比气温上升慢。因此，扣棚前15～30 天覆盖地膜，且铺地膜前全园灌水，利于提高土温气温，使根系提早活动。

（3）湿度。湿度（包括大气湿度和土地湿度）。设施内湿度通常比露地高，达80%～100%，易造成植株霉菌感染。开花期花粉黏滞，生活力低，不利于授粉。湿度调节主要靠覆盖地膜、通风换气和严格控制灌水，采取地膜下浇水或适当喷雾。对于设施栽培果树，不同发育时期不同果树对空气相对湿度的要求不同。开花坐果期要求相对湿度较低，一般为50%～60%，其他时期应在80%以下。

（4）二氧化碳。二氧化碳的多少直接影响光合产物的生成。设施内的 CO_2 与自然条件下相比表现为严重亏缺，光合作用最强时，CO_2 浓度也下降到最低，只相当自然条件下 CO_2 浓度的1/5。由于大棚经常密封，CO_2 得不到补充，使原本因光照不足而导致的果树光合能力下降进一步严重，适当补充 CO_2 可提高设施果树的光能利用率，增加产量。增加 CO_2 的方法有：增施有机肥，腐化产生 CO_2；通风换气，增加 CO_2；施用现成的 CO_2 气体肥料或 CO_2 肥料制剂。增施 CO_2 气体肥要视树种、生长发育期不同而异，一般在花芽分化期和果实膨大期施用效果最佳。日照强度和温度较高时效果也较好，同时要注意 CO_2 浓度不宜太高。

4. 打破、延长休眠技术

处于自然休眠期的果树需要一定量的低温才能解除自然休眠，进行正常的花芽分化，如果达不到果树的低温需冷量，就没办法度过果树的自然休眠状态，这样就会造成现在即使给予果树一个适宜其生长发育的环境，其也不会发芽开花，时间越长，坐果率就越低，生产中常用人工集中预冷技术打破休眠。人工集中预冷技术，包括利用冷库进行集中降温的强迫休眠技术和利用夜间自然低温进行集中降温的预冷技术，其中利用夜间自然低温进行集中降温的预冷技术是目前生产上最常用的人工破眠措施，即当深秋初冬日平均气温稳定通过7～10℃时，进行扣棚并顶盖草苫。具体操作如下：在人工集中预冷前期（夜间温度高于0℃），夜间揭开草苫并开启通风口，让冷空气进入，白天盖上草苫并关闭通风口，保持棚室内的低温；而在人工集中预冷后期（夜间温度低于0℃），昼夜覆盖草苫，防止夜间温度过低，一方面使温室内温度保持在利于破眠的温度范围内，另一方面避免地温过低，以利于升温时气温与地温协调一致。

5. 树体综合管理技术

（1）提高土温，使地上地下生长发育一致。扣棚前30～40天棚内地面全部覆盖地膜。

（2）**扣棚至开花前管理**。枝梢喷 1%~3% 尿素 1~2 次，促进花芽发育。

（3）**根据树体、品种特性及定植密度，采用合理树形**。核果类采用"丫"字形、开心形、纺锤形。

（4）**正确采用修剪技术**。冬剪以疏为主，主要疏除挡光大枝、外围竞争枝、弱枝，多保留中短枝，及时回缩复壮结果。增加棚内修剪次数，及时抹除萌芽和摘心，疏除稠密的副侧枝和无果枝，节省养分，改善通风透光。

（5）**提高坐果率**。由于设施栽培隔绝了果树与外界环境的联系，缺乏风力与昆虫的介入，授粉受精率低，为提高坐果率，可采取选用早果性强、着果率高的品种，并采用配置授粉树、花期放蜂、人工授粉、缩节胺等植物生长调节物质等手段。一般流动授粉或点授花期进行 2~3 遍，提高坐果率。

（6）**适时疏果**。坚持壮枝果的原则，疏去过晚花。花后 3 周去除畸形果、小果，双果留 1 个，一般长果枝留 1~4 个，中短果枝留 1~2 个，尽量留侧果，少留背上果和背下果，留果间距 15 厘米左右，做到果实分布均匀。

（7）**加强叶面补肥**。坐果后每隔 10~15 天进行叶面喷肥，前期以氮为主（0.2% 尿素），后期以磷钾肥为主（0.3% 磷酸二氢钾）。

（8）**肥水管理**。秋施有机肥，施肥量较露天栽培增施 30%，以利改土、培养壮树，增加贮备；适当减少和控制无机肥的使用数量，为自然条件下的 1/3~1/2；由于自然蒸发量减少，应减少棚内果树的浇水次数和数量，避免大水漫灌。

（9）**病虫害防治**。棚内病虫害除用化学农药防治外，虫害主要用农业措施防治，如棚内挂黄板、主干涂药环、人工摘除虫梢。

（10）**高度重视揭膜后的树体管理**。采用重回缩，促发 1 级枝条生长量，控制多级萌发和旺长，促进花芽形成，提高花芽质量，保证枝条壮实，养分充足。

➤ 矮化密植技术包括哪些？

矮化密植技术是在生产中利用矮化砧和其他矮生品种，让果树的体积矮小紧凑，并在一定程度上增加果树的种植密度，达到优产、低消耗的目的。非常适于集约栽培，主要有以下几个优点：矮化密植的果树开花结果的年限早，一般 2~3 年幼树可以成花，3~4 年生树即可投产；单位面积产量高，特别是密植园的前 10 年产量，明显高于乔化果园。由于有效光合面积比乔化树大，在同样叶面积系数的条件下，矮化树留果量可增大；果实品质好，密植树的树体结构可适当改善小气候环境，提高果质；管理方便，树体矮小，便于实行机械作业，可提高劳动效率，适于大面积生产；更新品种容易，恢复产量较快。

1. 矮化密植果园的建园技术

（1）**园地的选择**。矮化砧木一般根系较浅，尤其是矮化自根砧木嫁接的果树，固地性差，而且单位面积株数多。因此，建园时要选择土壤肥沃，理化性状好，有灌溉条件的地点；地下水位不能过高；以 1~1.5 米为宜。栽植前要进行深翻改土；创造有利于根系生长的环境条件。矮化果树由于根系较浅；固地性差。因此；要选择避风的地点建园；可在建园前或同时营造防护林；以减轻风害。

（2）**栽植方式**。一般采用长方形宽行密植，便于采光和机械作业。行向一般为南北行，目前主要采用单行密植和双行带状栽植，山地采用等高种植，栽植方式又因树种、品种、栽培管理水平、当地条件及栽植密度等不同而异。

（3）**栽植密度**。栽培密度不是越密越好，栽植密度因品种、砧木、土壤条件及整形修剪等不同。如柑橘山地栽培亩植 50~100 株；八角果用林亩植 40~60 株，叶用林亩植 300~360 株；蜜桃亩植 50~70 株。

2. 矮化密植果园的管理技术

（1）**整形**。矮化密植果园和稀植一样，必须按照一定的树形进行整形，才能培养骨架枝牢固的树体，充分利用辅养枝缓放结果。矮化密植的树一般是矮干，树冠小，骨干枝的数目和长度少，由过去的自然半圆形向扁平型发展，如温州柑橘树形多为干矮、主枝开张、树冠紧凑的开心圆头形或圆锥形。

（2）**密度**。果树矮化密植栽培的特点是树体小、低枝次、小冠径、占地少、单位面积内栽的株数多。但栽植过密，会导致树冠拥挤、株行堵塞、枝叶郁蔽、光照恶化等问题，严重影响果树生长和结果丰产，栽培密度不宜太密，一般苹果采用中干树形，乔砧嫁接短枝型的根据立地条件不同，分别确定栽植密度为 4 米×5 米或者 5 米×5 米等。板栗和山楂等果树可参照苹果矮化密植的密度，但不宜过密。为了增加前期产量，对株行距大的，可采用先密后稀的栽植法，即在株间增加临时株，从开始就对永久株和临时株按不同措施管理，这样既能增加产量，又能解决后期光照，保证密植园果树生长良好。

（3）**修剪**。果树修剪是解决枝叶密集，通风透光，调剂树势，保证产量，使幼树早期结果丰产，大树高产稳产的重要措施。特别是矮化密植果园，单位面积内的株数多，枝叶相对多，空间相对少，在整形的基础上搞好冬季修剪更为重要。

一是幼树期整形修剪。一般短枝型定干60厘米左右，普通型定干70厘米左右。第二年按常规选留中干和主枝，并注意方向、位置、角度。萌芽力弱或短枝的实行芽上刻伤，以促进发枝。整形期尽量多留枝，同时除骨架枝适当短截，其他枝均缓放，以促生短枝，及早结果。

二是盛果期树修剪。以苹果树为例，一般稀植苹果树10年左右进入盛果期，矮化密植苹果树大体七至八年生就进入盛果期。对大营养枝的修剪。在整形轻剪缓放的基础上，要注意调整大营养枝，有的疏剪给骨架枝让路，有的缩剪更新复壮，固定结果部位。大枝先端有下垂的要剪留上枝上芽，以抬高生长点，增强生长势；对中小辅养枝的修剪。凡直立旺长的要继续缓放，并拉倒别枝、捋枝低头，以缓和生长势，对出现成串短枝的，要继续带帽剪或齐花剪，以促进坐果，丰产稳产；对连续结果枝的修剪。据调查，如玫瑰红等品种，短果枝能连续3～4年结果，对此类枝的修剪，要酌情压缩，去留弱枝、去远留近，以控制产量，并更新复壮。

三是密度过大树的修剪。①新栽植的密植园：要确定永久株和临时株。如栽培密度为2米×3米或3米×4米，都要隔1株有1株临时株，栽培密度为2米×3米的还要隔1行有1行临时行。要进行整形修剪，使之早结果、早见收益。当临时株妨碍永久株生长，枝叶密集影响光照时，要压缩临时株，使植株通风透光，直至最后清除临时株，使密度变成4米×6米或6米×4米。②栽植数年以上的密植园：对永久株可按常规整形修剪，开张角度，扩大树冠，并采用疏剪，减少密集、交叉重叠枝；采用缩剪，解决空间，固定结果部位；对临时株要通过疏、缩修剪，给永久株让路，以维持在一定的年限内结果丰产，最后予以伐除。③已栽植数年未分永久株和临时株的密植园：也可试行采用行间疏、缩修剪技术，对伸向行间的大枝，根据不同情况，或疏剪或用塑料绳拉向树的两侧，使之顺行向生长，打通行间，保证有宽1米左右的人行道，以解决通风透光，并便于果园管理。

（4）**土肥水管理**。土壤管理。矮化密植果园由于单位面积内株数多、产量高。因此，对土壤的要求也较高。应通过深翻土地施有机肥，种植绿肥改良土壤结构，创造根系生长的有利环境。同时进行树盘盖草用于稳定地温，或培土覆盖，不断提高土壤肥力。

施肥。矮化密植果园根系密度大，单位面积内枝叶量多、产量高，故需施肥较多。幼树结合抽梢期施肥，每次抽梢施 2~3 次；结果树在萌芽开花前，果实发育和抽秋梢期进行施肥。1—2 月抽梢发叶前施 1 次以氮、钾肥为主的追梢肥，每株可施尿素 300~500 克、氯化钾 300 克；4—5 月施 1 次以磷肥、钾肥为主的催花肥，每株施过磷酸钙 1 千克、氯化钾 500 克或磷酸二氢钾 500 克；7—8 月施 1 次含氮、磷、钾的复合肥 500 克和少许钼肥或硼肥，以提高果实的质量及恢复树势。

灌溉。密植果园总叶面积大，蒸发量大，需水量多。因此，应以根系分布层内土壤水分状况为标准，灌水量须以水分渗入根系主要分布层为原则。使根系分布层内土壤含水量稳定，保证根系吸收。

参考文献

柴恩芳 . 2016. 果树的栽培管理与种植技术探索 ［J］. 产业与科技论坛，15（9）：54-55.

褚吉林，孔明生 . 2010. 果树的科学施肥方法 ［J］. 农技服务，27（9）：1158，1201.

丁国杰 . 2015. 果树平衡施肥技术分析 ［J］，农业施肥技术与装备（9）：54-56.

杜长城，赵越，宗晶莹 . 2006. 果树套袋及管理技术 ［J］. 天津农林科技（8）：40-41.

高树青 . 1995. 果园土肥水管理 ［J］. 北方果树（3）：33-35.

黄显奇 . 2012. 果树综合施肥技术 ［J］. 现代农业（6）：38-39.

姜中友，朱敏 . 2014. 果树种植及施肥技术研究 ［J］. 吉林农业（15）：76.

焦阳 . 2013. 果树施肥技术及其注意事项 ［J］. 黑龙江农业科学（12）：166-167.

李伟，冯建国 . 2009. 浅谈果树的合理施肥 ［J］. 农业知识（17）：16-17.

刘国志 . 2011. 浅析果园的土壤与水分管理 ［J］，现代园艺（17）：45.

刘坤，张开春 . 2014. 图说设施甜樱桃优质标准化栽培技术 ［M］. 北京：化学工业出版社.

伦志磊，张德安，袁俊云，等 . 2006. 果园杂草的防除及其对果园的综合效应［J］. 山东林业科技（1）：77-79.

吕英中，梁志宏 . 2011. 果园土壤管理的方式与应用［J］. 山西果树（3）：25-27.

田雨 . 2015. 果园土肥水管理技术［J］，北京农业（11）：64-65.

同新凤，任菊琴，魏立新，等 . 2013. 果树落花落果原因与保花保果措施［J］. 西北园艺（4）：26-27.

王红，李永红，费芳，等 . 2005. 果树套袋技术［J］. 岳阳职业技术学院学报（3）：46-50.

王敬勇 . 2014. 果树的营养与施肥技术［J］，中国农业信息（1）：129.

王俊杰，初长海，王三英，等 . 2013. 浅说果园管理技术原理与原则［J］. 林业使用技术（2）：21-24.

吴徽 . 2010. 果园生草与覆草［J］. 中国农村小康科技（5）：33-35.

吴遥远 . 2007. 果树高效施肥方法［J］. 安徽农学通报，13（3）：161.

袁涛 . 2013. 浅谈果树种植技术［J］. 农民致富之友，9（下半月）：138，187.

臧著善，王清萍 . 2008. 浅论果树科学施肥技术［J］. 中国农村小康科技（4）：64.

曾涛，贺农英，曾亮华 . 2015. 果树施肥的技术要点分析［J］. 现代园艺（8）：23.

张凯 . 果树的栽培管理及种植［J］. 农业研究 . 2016，（1）：34-35.

张连翘 . 2012. 经济林果树有机栽培土壤管理关键技术［J］. 辽宁林业科技（5）：58-60.

张开春，潘凤荣，孙玉刚等 . 2016. 甜樱桃优新品种及配套栽培技术彩色图说［M］. 北京：中国农业出版社.

张钰娴，李凯荣，牛振华 . 2005. 果园水肥管理研究综述［J］. 中国农学通报，21（7）：302-307.

赵绍英 . 2010. 浅谈果树科学施肥的注意事项［J］. 农技服务，27（5）：578，653.

第六章 果实采后技术规程

第一节 采前要求

▷ 果实采收应准备好哪些条件?

果实采收是一项季节性很强的工作,要做好采收前的组织与准备工作。包括测定产量、制订采收计划和产品分配方案,制定采收、包装与运输、贮藏等工序的卫生操作规程。应配备采收专用的容器,容器内壁光洁、柔软,以防碰伤果实。重复使用的采收工具应定期进行清洗、维护。搭设采收棚,准备好果实的临时堆放场所、包装物和运输工具等,以便临时存放果实、分级和包装。对于需要贮存的果品,还应准备好贮藏设施,并进行清杂、消毒、调湿、通气、控温等处理。在工作区域内,应有洗手池等卫生设施,有卫生状况良好的卫生间,卫生间应与采收、包装、贮存场所保持一定距离。采收时采收人员应穿工作服、戴胶手套。

▷ 果实的采前管理应注意什么?

采前因素对果品的质量和耐储运性有很大影响,应注意如下方面。

1. 肥水管理

采前根据具体果树生长具体情况确定是否需要施肥以及喷施何种肥料。如苹果采前不再施用氮肥,只施磷、钾肥;对于葡萄果实巧用化肥可以提高糖度和耐贮性,采前1个月主要以施磷、钾肥为主。如氮素过量,可能会导致果色变差,风味变淡,甚至贮藏性变差。同时,应根据土壤肥力和果实生长情况,多施有机肥或复合肥料,避免过多单施氮肥。采前对于水分的控制也是关系到果实品质好差的重要原因。如采前灌水太多,或是果园湿度太大,果实容易腐烂。对于多数落叶果树,在临近果实采收期之前半月,若土壤不十分干燥，不宜灌水，以免降低果实品质或引起裂果，尤其是浆果类。另外，肥水管理也会影响采后果实的储藏性能，应根据不同水果及贮藏需求而定。且拟贮藏的水果采前 7~10 天应停止灌水，还应避免在阴雨天及露水未干时采收。

2. 防治病虫害

应注意用药，避免影响水果品质。采前用药可以防治病虫害，还能减少贮藏、运输、销售过程中病虫害的发生。但是用药不适也会影响果实品质。首先要正确选用药物，既要求毒性低，持效期短，如甲基硫菌灵、多菌灵等；又要求果面不能残留药渍，影响果品的商品性。其次要正确掌握时间，明确安全间隔期，即喷药后到采收的天数。根据不同农药的毒性、分解失效的性能等，确定采前喷药的日期。还要正确掌握浓度。

3. 防落果技术

采前对果实进行管理，是连年丰产、稳产、优质的保证。为了促进果实正常良好发育，有时会进行疏果处理。另外，有些果品，采前喷洒适宜的生长调节剂不仅可以减少落果，还能促进果实着色，增加硬度，提高耐贮性；对于带果柄的果实还可以防止储藏过程中的落粒和果柄干缩。

此外，气候因子对采前果品的影响也是多方面的。包括温度、湿度、日光、风、雨水等。如采前温度过高可能会导致果实过熟，低温可能会导致霜冻；采前强光，多种水果可能会发生日灼焦皮。因此，积极调控采前因素，科学地供给果树营养，合理地施用生长调节剂，排除污染物质的侵害，提高果园的管理水平，或是采用大棚、避雨、遮阴与地膜覆盖等设施栽培，努力提高果品的优质水平。

第二节　果实采收

➤ 如何确定采收期？

采收时期的早晚，对产量、品质和耐贮性影响很大。生产上根据果实的成熟度、结合市场需求、贮藏、运输和加工的需要及劳动力等多方面因素，确定适宜的采收期。如用于贮藏和长距离运输的果实一般要适当早采，可在七八成熟采收，就地销售的产品可根据市场需求在八九成熟进行采收。同一株树根据果实成熟度可分期分批采收。果实的成熟度一般分为 3 种，可采成熟度、食用成熟度和生理成熟度。根据果实大小、形状、果实硬度、果实内在的化学物质的变化等综合因素来确定。此外，还有一种说法叫商业成熟，是一种市场销售的意识，是根据市场需要而定，可以从七成到九成半的成熟度（表 6-1）。适期采收是采收工作的关键所在，对于需要长途运输的果品，应适当早采，以刚进入成熟期时采收较为适宜；也可按照人们的食用要求和习惯确定成熟度，如苹果、梨、山楂等，是在达到其七八成生理成熟期时采收，葡萄则应在充分成熟时采收，而长距离运输的香蕉应在七八成成熟时采收。目前许多水果因受上市抢行的影响，往往采收偏早，不仅影响水果质量、贮后品质和贮藏期长短，而且还易造成贮藏期间生理病害的发生。

表 6-1　评判水果商业成熟度的方法

评判方法	具体指标
外观观察	果皮色泽，果实大小和形状，植物体干枯状况，果实饱满程度等
物理检测	果皮和果肉的硬度，比重，果实与树体分离的难易等
化学测定	可溶性固形物、酸度、糖酸比、淀粉含量等
生理测定	果实呼吸率的测定
发育期计算	谢花后天数和积温的计算发育时间和发育的可能性

➢ 采收果实时需注意什么问题？

采收时应确保所用农药已过安全间隔期。采收应在晴天的早晨上午 10 时以前，露水干后或者下午 16 时之后进行，阴雨天、有雾、果面潮湿时不适宜采收，还要避免采前灌水。采收前务必做好人力和物力上的安排和组织工作，根据果实的种类特性，事先准备好采收袋、篮、筐、箱、梯等采收工具和运输工具，采收容器要结实，内部加上柔软的衬垫物，尽可能避免机械损伤。

果实的表面结构是一个很好的保护层，损伤破坏这种保护层，就会破坏果实的贮藏性能。破损不仅会造成水果呼吸强度增高和外观上的瑕疵，更可为病原微生物的侵入打开方便之门，因此应尽量避免机械和人为损伤。采果人员要剪短指甲或戴线手套，采收过程要严格执行操作规程，以保证果实完整无损和防止折断果枝。认真做到精心、细致、轻摘、轻放、轻装、轻卸，避免造成指甲伤、碰压伤、刺伤和摩擦伤，同时避免挤压，保证果实品质和减少损耗。采果时应按先采外围、后采内膛，先采下层、后采上层的顺序进行，以免因上下树或搬动梯子碰掉果实。田间处理工作应有初步分级，必须剔拣伤、残、畸、污、劣及腐果，清除一切与贮运、销售有影响的物质。果实采后应避免日晒雨淋，迅速加工成件，运到阴凉场所散热或预冷库中预冷。

第三节　产品与质量

➤ 果实的质量应达到什么标准才可以上市销售？

各品种、各等级的果品都应完整良好，新鲜洁净，无异常气味或滋味，不带不正常的外来水分，细心采摘，充分发育，具有适于市场或存贮要求的成熟度。果形应具有本品种应有的特性，具有成熟时应有的色泽。果实的质量和分级参考相关标准。

1. 果实的质量标准

果品成熟后要到达一定的质量标准才能进行销售。为了避免在果实生长期大量使用激素类农药、化肥催长，进入市场的水果都必须经过检测，进行质量认证，外观、质量、含糖量等需达到一定标准才允许上市交易。水果验收需符合标准，按照《水果分类及验收标准（试行）》执行，残留限量也应符合相应的标准，如《食品安全国家标准食品中污染物限量》和《食品安全国家标准食品中农药最大残留限量》等。

2. 果实的分级

根据市场的不同需求、不同用途，对收货后的果品进行分级处理，一方面可以提高果品的经济效益，另一方面便于分类、贮藏和运输。不同级别的果品分开贮存，也可以减轻病害传播。根据果实的大小、重量、色泽、形状、成熟度、病虫害及机械损伤等情况，按照分级标准，进行严格挑选，划分等级，并根据不同的果实，采取不同的处理方法。分级时，将大小不匀、色泽不一、感病及有损伤的果实，按照内销及外貌规定的分级标准进行大小分级及品质选择，不合格的作为等级外果处理。分级的方法主要有2种，人工分级和机械分级。人工分级多用于形状不规则和容易受伤的产品，机械分级常与挑选、清洗、干燥、打蜡、装箱等一起进行，《水果分级机质量评价技术规范》规定了水果分级机的术语和定义、基本要求、质量要求、检测方法和检验规则。

从 20 世纪 70 年代开始我国陆续制定了一些新鲜果品的质量分级标准，近年来也有一些进行了修订，有关部门陆续提出或制定了部分新鲜果品的产品质量标准，包括《鲜苹果》、《鲜梨》、《鲜柑橘》、《鲜龙眼》、《香蕉》、《红枣》、《板栗》等果品的产品质量国家标准。同时，也有果品质量等级的行业和地方乃至企业标准，可作为果实分级的依据。

第四节　包装与标识

▷ 为什么要进行包装与标识？

果品包装是标准化、商品化、便于运输和贮藏的重要措施。包装可以减少因互相摩擦、碰撞、挤压造成的机械损伤，减少病害的蔓延避免损失，可有效地保护果蔬品质，利于贮藏、运输和携带，延长果品货架期。果品包装还有促进消费的目的，但最主要的目的是储存，不同的果品储存对环境的需求不同，有的需要避光，有的需要冷藏，可根据果品的不同理化特征来选取不同的包装。而包装标识是食品的身份证明，如今消费者越来越理性，在购买食品时会第一时间查看包装标识。食品包装标识作为消费者获取食品质量信息的重要渠道，其科学真实与否直接关系到产品质量。

▷ 果实的包装和标识应注意什么？

1. 包装

作为果实的直接保存容器，果实包装在包装材料、辅助材料、包装场所等方面都需要严格把关，以免对包装质量和消费者身体健康造成负面的影响。果实包装应在专用包装场所进行，配备包装操作台、电子秤等，照明设备应有防爆设施。包装场所应清洁卫生，包装材料仓库应独立设置，宜与包装车间相连接。同一最小包装单位内，应为同一等级、同一规格、同一色泽和同一品种的产品，包装内的产品可视部分应具有整个包装产品的代表性。我国果品的包装标准多包含于果品标准的相关条款中，其中规定了果品包装材料的选用范围、种类，包装结构尺寸，贮藏运输要求等。

　　包装容器要求：应美观、清洁、无异味、无有害化学物质、内壁光滑、卫生、重量轻、成本低、便于取材、易于回收处理，同时还应具有足够的机械强度、一定的通透性和一定的防潮性。常见包装容器的种类和材料：包装箱（图6-1a），制作材料为高密度聚乙烯或者聚苯乙烯；纸箱（图6-1b），制作材料为板纸；钙塑箱（图6-1c），制作材料为聚乙烯或者碳酸钙；板条箱（图6-1d），制作材料为木板条。包装材料应清洁干燥、坚实耐压、透气、无污染、无破损、无异味，有保护性软垫，并符合《运输包装用单瓦楞纸箱和双瓦楞纸箱》或《食品包装用聚苯乙烯成型品卫生标准》等标准要求的要求。包装箱或包装盒内的果实要装填充实，不留空隙。果品包装需符合《食品包装容器及材料生产企业通用良好操作规范》的规定。

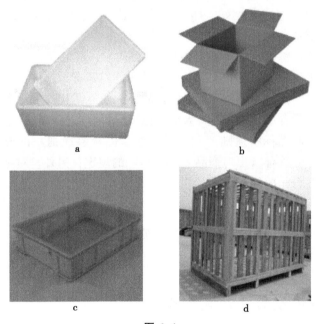

图6-1

　　果品包装时应注意：①避免果品受到伤害，果品包装的首要目的就是包装箱的保护功能，进行包装时可以增加衬垫，精心操作，不可将果品随意仍落于包装箱内；包装箱尺寸应适宜，同时避免过量包装造成压缩伤害；②包装规格标准化，果品包装的类型、形状和规格统一化，以便于装卸和运输；③包装箱适合果品处理和环境条件的需要，果品的包装在遇到各种不同的情况时都应保持良好的状态，这就要求包装箱应具备相应果品所要求的耐湿、耐高温、承重、保鲜等功能；④使用绿色包装，体现生态理念。绿色包装符合生态、环保、健康的消费潮流，是果品包装未来发展的方向；⑤果品包装应考虑节约能源、人力、物力和流通力量，不应对果品环境、各流通环节中的操作人员以及果品消费者造成污染，包装材料利于回收、循环或再生利用等；⑥包装还应便于检验和销售。

2. 标识

标识是包装的必要组成部分，它包括产品的相关信息，是在包装物上标注或者附加标识标明产品信息，与标签属于同一概念。我国《食品标识管理规定》第三条指出：食品标识是指对食品名称、质量等级、食用或使用方法、生产者等相关信息等在食品或者食品包装上进行文字、符号、图案以及其他说明，标识方式有粘贴、印刷以及标记等，主要内容有产品名称、产地、生产者或企业名称、产品质量等级、净重、配料、营养成分、采收日期、包装日期、贮藏方法（贮藏条件）、保质期、产品执行标准编号等。标注内容应字迹清晰、完整、准确，且不易褪色。若有添加剂，必须标明添加剂是何种物质。预包装的特殊膳食用食品，除要标明特殊能量和营养素的内容外，还要标明食用方法和适宜人群。包装材料要求及产品标签需符合《食品接触材料及制品标签通则》和《预包装食品标签通则》的要求；对于要出口的果品还应符合《出口商品包装通则》的规定；另外，对绿色食品、有机食品等要符合相应的标准。

第五节 贮 藏

➢ 果品贮藏的原理是什么？

果品是鲜活农产品，仍进行着呼吸作用。贮藏保鲜就是创造适合果品贮藏的外部环境，达到抑制微生物活动和繁殖、调节果品本身的生理活动的目的，从而减少腐烂，延缓成熟，保持果品鲜度和品质。

果实采后仍会发生一些生理变化，由于果实采后仍有生命活动，常温下色、香、味、外观、形状、营养成分等都会发生变化。影响贮藏寿命，影响果品变质的原因主要有以下 5 种。

（1）采前因素。采前因素包括水果自身的特性、田间栽培管理技术、环境和地理因素。

就水果本身的特性而言，水果种类或品种不同，耐储性不同，即使是同一品种，在不同地域、不同年份、不同采收成熟度，耐储性也可能不同。

田间栽培管理技术如施肥、灌水、修剪和疏花疏果、土壤或叶面喷钙、生长期间杀菌剂和激素的应用、果实套袋等都会影响水果的贮藏性能。通常情况下，多施有机肥、增施磷钾肥的水果，耐贮性好。使用氮素化肥过量，水果的代谢强度会增加，贮运期生理病害发生的概率也会增大。氮肥用量过多还会导致红色果实着色差且质地松软，贮藏寿命缩短。田间适时多次增施钙肥，对提高水果的品质和耐贮性都有好处。拟贮藏的水果采前 7~10 天应停止灌水，阴雨天及露水未干时不能采收。

环境和地理因素主要通过影响水果产地的温度、降水、光照等影响水果的耐贮性。通常，高海拔地区由于光照充足，昼夜温差大，水果可溶性固形物含量高、着色好、品质好，贮藏性能也相对更好。

（2）呼吸作用。果实采后虽然不能继续生长，但仍是有生命的活体，还要进行呼吸作用，即在一系列酶的作用下，将自身的营养物质降解为二氧化碳和水，通过消耗自身的物质来维持生命代谢活动。呼吸作用越旺盛，其营养成分消耗的越多，因此，果实贮藏的首要任务就是要采取一定的措施使果实呼吸作用处于较低的状态。

（3）水分蒸腾。蒸腾作用是水分从活的植物体表面以水蒸气状态散失到大气中的过程，不仅受外界环境条件的影响，而且还受植物本身的调节和控制，是一种复杂的生理过程。蒸腾作用的主要生理意义在于为植物从根部吸收的矿物质向叶片运输提供动力，以保证叶肉细胞光合作用的原料供给。果实采收离开母体后，失去了水分的源泉，贮藏环境中的水蒸气压低于果实组织表面，果实的水分就会以气体状态通过组织表面向外扩散，导致果实失重，表现为表面皱缩、失去光泽、质地变软、风味变淡等。

（4）微生物侵染。采收后的果实中含有大量水分和营养物质，适宜细菌、酵母等微生物的生长和繁殖。微生物在生命活动中会分泌各种酶类物质，会促使果实中的蛋白质、脂肪、糖类等营养成分发生分解，使果实质量下降，出现发霉或腐败变质。

（5）机械损伤。果实贮藏运输过程中可能还会产生一些机械损伤，使果实发生氧化变色、腐败变质、营养成分变质等。

由于果实采后会发生一系列的生理变化，果实贮藏的目的就是抑制果实的呼吸作用，控制微生物侵染，降低蒸腾作用和氧化作用，使温度、湿度、环境成分等各项指标达到最佳状态。

➤ 果实贮藏前需要做什么？

1. 预冷

采收后的新鲜水果呼吸强度非常旺盛，会生放出大量二氧化碳和热量，多余的水分尚未散发，导致水果湿度大、温度高，若立即储藏，容易引发病害。因此果实在贮藏前需要除去田间热和呼吸热，即进行预冷，且预冷必须在采后立即进行。预冷可以使果实减缓新陈代谢，延长生理周期，减少采后出现的失重、萎蔫、黄化等现象，提高耐储性，减少冷藏运输工具和冷藏库的冷负荷。预冷方式主要包括自然冷却、风预冷、压差预冷、冷水预冷、冰预冷和真空预冷，应根据果实本身特性及现有条件选择合适的预冷方式。另外，预冷期间要注意定期测量果品的温度，以判断冷却的程度，防止温度过低产生冷害或冻害。

2. 果实挑拣

果实在贮藏前要进行挑拣，即剔除病、烂、伤等不合格水果，避免引起腐烂，导致病害传播，因此必须进行仔细挑拣。

3. 贮藏设施的准备

果实入库前需要对贮藏地点进行清洗，将垃圾清扫干净，彻底清扫环境卫生，可以用水加洗衣粉搅拌均匀后使用。对贮藏点进行消毒处理，消毒液可以配制浓度为 2 毫升/升的次氯酸钠溶液。还应做好设施维修检查和贮藏用物品的准备，如保鲜袋、保鲜剂、地面托盘等，并将贮藏地点进行通风换气和提前降温。

贮藏场所消毒可以大大降低菌源基数。常用的杀菌剂及使用方法有：

(1) 消毒剂。国家农产品保鲜工程技术研究中心研制的 CT 系列高效库房消毒剂，使用方便，杀菌广谱，效力强。使用时，将袋内的两小袋粉剂混合均匀，按每 5 克/米^3 的使用量点燃，密闭熏蒸 4 小时以上。

(2) 二氧化氯消毒粉。常用浓度为 30~250 毫克/升，对细菌、真菌都有很强的杀灭和抑制作用。

(3) 过氧乙酸。为高效、速效、低毒、广谱杀菌剂，对细菌繁殖体、芽孢、病毒、霉菌均有杀灭作用。过氧乙酸在空气中具有较强的挥发性，对空气进行杀菌、消毒也具有良好的效果，且价格便宜。但过氧乙酸是强氧化剂，有强腐蚀性。使用时应注意。

（4）**臭氧化气体消毒**。一般按照每 100 米^3 库容配置 5 克/小时的臭氧发生器，库房消毒所需浓度为 7~10 微升/升，维持时间应在 8 小时以上。不同种类和品种的果蔬间具体浓度差异较大，要在实验结果可靠的基础上采用。

➢ 贮藏保鲜技术有哪些？

果品贮藏保鲜技术主要包括以下几个方面。

1. 产地贮藏

产地贮藏是我国的传统方法，如四川南充地区的地窖、湖北秭归、兴山的山洞贮藏柑橘；山东烟台、福山等地的苹果贮藏沟；西北黄土高原地区的窑洞贮藏苹果、梨；湖南省黔阳果品公司的地下库贮藏柑橘等，都是一种既符合贮藏要求又能与广大农村具体条件相适应的最广泛和普遍应用的产地贮藏方式。

2. 冷藏保鲜

采用高于水果组织结冻点的较低温度实现水果保鲜，可以在温度较高的季节进行储存。低温贮藏可以降低水果的呼吸代谢、酶的活性、病原菌的发病率和果实腐烂率，以达到阻止衰老、抑制腐烂、延长果实贮藏期的目的。但在冷藏中，应注意冷害和冻害，其关键是按照不同果品的习性，严格控制温度，把温度控制在最适贮藏温度，同时在低温贮藏期间采用逐步降温的方法以减轻或不发生冷害；此外，果实贮藏前的预冷处理也能起到减轻冷害的作用。

适宜的低温是目前水果采后贮运保鲜应用最广的方式。所有水果在适合其生理特性、不产生冷害的低温环境下，都能明显延长其存放期，较好地保持品质，降低损耗率。这是因为低温能明显降低果实的呼吸强度，延缓其生理代谢过程，减少营养物质的消耗和水分散失，提高果实对病菌侵染的抵抗力，其次低温对病菌孢子的萌发、生长和致病力有明显的抑制作用；另外低温能有效抑制水果乙烯的产生和降低产品对乙烯的敏感性。在适宜或较低温度的基础上，通过薄膜包装、使用防腐保鲜剂、改变气体成分等，能发挥出良好的辅助调控作用。

3. 气调贮藏

气调贮藏主要是通过调节贮藏环境中 O_2 和 CO_2 的浓度来减弱呼吸代谢

强度，抑制内源乙烯和脱落酸生成及纤维素酶活性，延缓花青素的分解，从而起到减缓果实衰老和延长贮藏寿命的作用。目前，我国采用气调贮藏保鲜的果品有苹果、洋梨、香蕉、山楂、葡萄、水蜜桃、猕猴桃等。

水果种类不同，要求的适宜气体指标也有所不同。如果氧低于或二氧化碳高于某种水果的适宜气体指标，该水果就会遭受低氧或高二氧化碳伤害。容易遭受二氧化碳伤害的水果，包括梨（白梨系统和砂梨系统的绝大部分品种）、富士苹果、鲜枣等，贮运期间应谨防高浓度二氧化碳伤害。相反，能耐受较高二氧化碳且能产生良好保鲜效应的水果如樱桃、草莓、杨梅、蓝莓等，应科学地提供适宜的高浓度二氧化碳。

4. 防腐保鲜剂

近年来，我国有些水果贮藏中开始应用高效低毒的防腐剂防止微生物引起的腐烂和生理病害。如，涂蜡（膜）可以降低果实蒸发量，防止果实干皱，增加果实光泽等，在涂料中加入适当的防腐保鲜剂，可以保持果实新鲜状态，减低腐烂损耗。表6-2列出了《食品安全国家标准　食品添加剂使用标准》收录的果蔬采后可以使用的食品添加剂类保鲜剂。

表6-2　《食品安全国家标准　食品添加剂使用标准》（GB 2760—2017）收录的主要食品添加剂类保鲜剂

添加剂名称	食品名称	功能	最大使用量/（克/千克）或残留量（毫克/千克）
硫代二丙酸二月桂酯	经表面处理的鲜水果	抗氧化剂	最大使用量 0.2
对羟基苯甲酸酯类及其钠盐	经表面处理的鲜水果	防腐剂	最大使用量 0.012，以对羟基苯甲酸计
巴西棕榈钠	新鲜水果	被膜剂	0.004，以残留量计
2，4-二氯苯氧乙酸	经表面处理的鲜水果	防腐剂	残留量≤2.0
二氧化硫，焦亚硫酸钾，焦亚硫酸钠，亚硫酸钠，亚硫酸氢钠，低亚硫酸钠	经表面处理的鲜水果	漂白剂、防腐剂、抗氧化剂	最大使用量 0.05，以二氧化硫残留量计
聚二甲基硅氧烷及其乳液	经表面处理的鲜水果	被膜剂	最大使用量 0.0009
ε-聚赖氨酸盐酸盐	水果、蔬菜（包括块根类）、豆类、食用菌、藻类、坚果以及籽类等	防腐剂	最大使用量 0.30
吗啉脂肪酸盐（又名果蜡）	经表面处理的鲜水果	被膜剂	按生产需要适量使用
氢化松香甘油酯	经表面处理的鲜水果	乳化剂	最大使用量 0.5

（续表）

添加剂名称	食品名称	功能	最大使用量/（克/千克）或残留量（毫克/千克）
联苯醚（又名二苯醚）	经表面处理的鲜水果（仅限柑橘类）	防腐剂	残留量≤12
肉桂醛	经表面处理的鲜水果	防腐剂	按生产需要适量使用残留量≤0.3
山梨酸及其钾盐	经表面处理的鲜水果	防腐剂、抗氧化剂、稳定剂	最大使用量0.5，以山梨酸计
稳定态二氧化氯	经表面处理的鲜水果	防腐剂	最大使用量0.01
乙氧基喹	经表面处理的鲜水果	防腐剂	按生产需要适量使用残留量≤1
紫胶（又名虫胶）	经表面处理的鲜水果（仅限柑橘类）	被膜剂	最大使用量0.5

除以上几种之外，还可以采用减压贮藏、辐射处理、电磁处理、生物保鲜技术等方式进行果实贮藏保鲜。

➤ 贮藏期间如何管理？

果实贮藏通常采用两种，一种是低温贮藏，另一种是控制气体成分，也可以称为气调贮藏。而利用自然冷源贮藏是最常用的方法，包括堆藏、沟藏、窖藏、通风库贮藏、冻藏等。这些方法建造成本低，贮藏场所构造简单，在我国普遍应用，但也受到自然条件限制，只能在气温较低的季节进行。

堆藏是一种临时性贮藏方法，一般将果实直接堆放于果树行间的地面或者浅沟中，根据气温变化，分次加厚覆盖。沟藏多应用于板栗、核桃、山楂等，果品埋藏后，埋藏沟内能保持较高又稳定的相对湿度，可以防止果品萎蔫，减少失重，且易于积累一定的二氧化碳，形成一个自发气调的环境条件，起到降低果实呼吸和微生物活动的作用。窖藏多是根据当地自然、地理条件建造棚窖或窖洞。通风库和冷藏库也是常用的贮藏方式，使用时应注意果实堆码要求：货垛距墙0.2~0.3米；距离冷风机不少于1.5米；距顶库0.5~0.6米；垛间距离0.3~0.5米；垛内容器间距0.01~0.02米；库内通道1.2~1.8米，垛底垫木高度0.10~0.15米；垛高不能超过冷风机的出口。还应注意贮藏期间的库内温度和通风换气等。一般在库温与外界气温接近的早晨或者夜间进行，特别是在贮藏前期，果蔬代谢旺盛，要加强通风换气，一般前期每周换1次气，温度稳定后的中后期可以1~2周换一次；库内要保持清洁卫生、无异味，并注意防鼠、防潮。另外，贮藏期间要定期抽样检查一次，抽检项目包括果实硬度、可溶性固形物含量、生理性病害、侵染性病害、失重率等，并分项记录，发现问题及时处理。

若采用气调贮藏，需要对气调贮藏库建设和管理中的技术问题加以注意，保证气调贮藏更安全、有效、经济实用。气调库建成时，必须做气密性试验：用30厘米的"U"形水柱仪，打压至25厘米水柱时开始记录，只要30分钟内水柱不低于15厘米，即为气密性合格。气调门应采用保温良好、做工精细的产品；平衡袋容量一般为库内空间的1%；单间库容量不宜太大。一定要注意用库外机对库内喷雾，以免由于库内设定温度低于水的冰点而导致加湿器内的贮水或管路冻结，所使用的湿度发生器应优先选用高质量的产品。定期校验气调库中央控制的仪器，以免因显示或其他错误导致运行参数错误。另外，当果品入库结束、库温基本稳定之后，应迅速降氧。库内氧降至5%以下时，再利用水果自身的呼吸作用继续降低库内的氧含量，同时提高二氧化碳浓度，直至达到适宜的氧、二氧化碳比例。

➢ 贮藏期间注意什么？

1. 防止冷害

冷害指产品在冰点以上的不适低温下贮运时所造成的生理伤害。冷害不同于冻害，因此贮运温度不是越低越好，贮藏室应注意避免因冷害造成的损失。热带、亚热带水果如香蕉、菠萝、杧果、柠檬、荔枝、柑橘对低温特别敏感，温带水果如葡萄、苹果、梨、山楂等，除个别品种外，适宜低温冷藏。贮运时，应综合考虑不同水果的适宜贮运温度、计划贮藏运输的时间，切不可把南方产的热带或亚热带水果，长时间用北方果品的贮藏温度来贮藏。表6-3是几种主要水果的冷害参考临界温度和症状。但是，在贮藏冷害敏感水果时，冷害临界温度数值只能作为设定贮藏温度的依据之一，还应结合贮藏期、贮藏微环境的相对湿度、该地区该品种的贮藏经验综合考虑。

表 6-3　几种主要水果的冷害参考临界温度及症状

种类或品种	冷害临界温度	冷害症状
鸭梨	入库初期不低于 10℃	急速降温，易出现果心、果肉褐变
梨枣	1℃	果皮凹陷斑，果肉皱缩
橙（品种各异）	4~7℃	果皮褐斑
橘类、柑类（品种各异）	3~5℃	果皮凹陷及腐烂，水肿
香蕉（绿熟）	13.5~14℃	果皮下维管束变褐，皮色暗绿，难以催熟。完熟时果皮暗黄，严重时果皮变黑，中央胎座硬化
菠萝	7~10℃	果肉转褐变黑，果皮黯淡，冠芽萎蔫，果肉水渍状
杧果（品种各异）	10~13℃	果皮变暗，出现凹陷的灰褐色斑点，不能正常后熟，严重时果肉转褐，风味劣变
火龙果	5℃	果皮色泽暗红，严重时出现淡黄色凹陷斑，果肉呈水浸状，风味劣变
红毛丹	10~12℃	果毛变黑，果壳变褐，果肉水浸状
山竹	12~14℃	萼片暗绿至褐色，皮色保持原入库前的色泽（血丝或粉红色）且色泽发暗，果实硬化，回温后易腐烂
莲雾	12~14℃	冷害初期出现细小的凹陷斑点，逐渐扩大成群，最后果皮溃烂，霉菌侵染。冷害时果肉会出现水浸状，并有异味出现
番荔枝	8~12℃	果皮转黑变硬，出现斑点；果实难以后熟；已经后熟的果实，冷害后果肉褐变，并会溃烂成泥状
菠萝蜜	12~14℃	果皮转为黑褐色，果肉转为暗黄色至浅褐色，严重时果实不能后熟
番木瓜	绿熟 13℃，完熟 7℃	凹陷斑块，后熟不匀或不能后熟，严重时果皮出现水浸状；果肉沿维管束周围硬化

2. 贮运环境

新鲜水果含水量一般在 85%~90%。水果保鲜从另一个侧面理解可认为是"保水"，大多数水果的水分散失量大于 5%时，就会表现出明显的萎蔫皱缩状态。因此多数水果贮运期间要求较高的相对湿度。以下根据主要水果贮运期间对适宜相对湿度的要求高低，粗略分为 3 类：

第一类：贮运期间要求相对湿度较高的水果，一般要求相对湿度为 90%~95%，包括苹果、梨、桃、李、葡萄、猕猴桃、草莓、琵琶、荔枝等。

第二类：贮运期间要求相对湿度中等偏高的水果，一般要求相对湿度

85%~90%，包括柿子、无花果、板栗、甜橙、宽皮橘、柠檬、香蕉等。

第三类：贮运期间要求相对湿度较低的水果，一般要求相对湿度75%左右。

3. 避免温度波动

温度波动可造成包装品结露，加重水果腐烂。结露对果品贮藏极为不利，附着在表面的水珠有利于病原微生物孢子的萌发和侵入，加速水果腐烂。预防结露的途径有：水果充分预冷，尽量使果品温度和贮藏温度接近后再封闭袋口和码垛；减小库温的波动；水果散堆贮藏时，货堆不能太高，堆内应留有空隙或设置通风口；科学设定制冷设备的融霜时间和间隔；出库时，若外界温度较高，则需采用库内密封包装及利用过度温度库房缓慢升温的方法，防止果实表面在出库后高温状态下结露。

第六节 运 输

➢ 如何运输果品可保证果品品质最佳？

果品生产有明显的季节性和地域性，且含水量高，组织脆嫩，在运输过程中不仅易受机械损伤，而且易受环境条件的影响而腐烂变质。

运输前要对果品进行挑选。为减少腐烂率，提高运输效果，果品采收后须严格挑选，剔除机械伤和病虫害及腐烂果。因为机械伤和病虫害会使果品呼吸量增大，加快果品基质的消耗，使果品品质下降。运输时要求尽快做到快装快运、防热防凉，并注意轻拿轻放，轻搬运，减少机械损伤，包括摩擦伤、刺伤、挤压伤、磕碰伤和震荡损伤等都应尽量避免。在运输过程中，应根据不同种类果实的特性、运输路程的长短、季节与天气的变化情况，尽可能创造适宜的温度、湿度等条件，减少果实在运输途中的损失。

从运输方式来看，水果运输主要有公路、铁路、水路和航空四大方式。以下是4种主要运输方式的特点：

1. 公路运输

公路运输在路网建设、货源组织等方面具有明显优势，机动灵活，运输速度快，适应性强，可以满足"门对门"的服务要求。从公路冷藏运输看，目前果蔬公路冷藏运输约占总冷藏运输的3/4，近距离运输几乎全部选用公路运输，但因信息不畅造成冷藏运输有车难找货、有货难找车，以及返程空驶等问题也时有出现，造成成本提高、资源浪费。

2. 铁路运输

铁路运输运载量大，运价比公路低，适宜长距离运输。民营企业参与果蔬冷链运输的比例不断增加，其特点是小批量、多批次、多样化，这样则使得铁路运输工作更加复杂，火车批量运输的优势不太明显。另外，铁路运费定价相对稳定，不易形成旺季增收、淡季吸引顾客的优势，铁路对冷藏水果运输的份额远低于公路。目前随着高铁的不断发展，铁路货物运输开展高速快捷化运输，以高附加值、时效强、批量小的货物为重点，将是未来铁路货运市场提高竞争力的焦点。此外，铁路运输也是进出口水果运输的主要途径之一。

3. 水路运输

水路运输的特点为装载量大，单位运费低，但运输时间长。采用专业化冷藏船或冷藏集装箱运输，其中冷藏集装箱逐渐成为了远洋冷藏航运的主力，但是冷藏船能够一次性承运大批量货物，这也是集装箱所不能代替的，未来两者将会在自身合适的领域中发展。

4. 航空运输

航空运输最大的特点就是速度快，但是运量小，单位价格高，直接影响果品的成本价值。目前采用空运的主要是高端货种，如车厘子、蓝莓、莲雾等。

目前，很多交通工具都配置了降温和防寒的装置，在实际运输过程中，选择何种运输工具，应考虑产品的贮运特性、经济效益（装卸费、包装费等）、安全性、便利性等多种因素。一般宜选用冷藏车进行运输，箱内温度 $0 \sim 10\,^\circ\mathrm{C}$。运输工具要清洁干净，避免与化学和异味物质混装。装车后及时起运，平稳运输，装卸过程要轻搬轻放。装运前应进行质量检查，在货物、标签与账单三者相符合的情况下才能装运。运输包装材料应完好、无污染，符合国家相关食品安全和卫生法规及标准要求，且具有一定的保护性，在装卸、运输和贮存过程中能避免内部果实受到损伤。在运输包装上应有明显的运输标志并符合《包装储运图示标志》规定。内容包括：始发站、到达站（港）名称、品名、数量、净含量、体积、收（发）货单位名称、冷藏温度。果品运输应按照《新鲜水果、蔬菜包装和冷链运输通用操作规程》、《出口商品运输包装　塑料薄膜袋检验规程》等有关规定执行。此外，要想降低果品运输的消耗，单靠搞好运输工作是不够的，应该从果品的采收开始，做到适时采收，严格挑选、预冷、包装及运输，只有这样才能取得良好的效果。

参考文献

陈洁，邓志喜 . 2008. 欧盟食品，农产品包装和标识立法与管理研究 [J]. 农业质量标准 (6)：41-45.

程勤阳 . 2014. 果蔬产地批发市场建设与管理 [M]. 北京：中国轻工业出版社 .

良茹 . 2010. 葡萄采前管理及果实保鲜的方法 [J]. 农村实用技术 (8)：41.

林河通 . 1995. 现代果品贮藏保鲜技术的进展 [J]. 农业工程学报，11 (1)：125-131.

刘振华 . 1996. 降低新鲜果品南北运输损耗的措施 [J]. 中国果菜 (2)：20.

王文生 . 2016. 水果贮运保鲜实用操作技术 [M]. 北京：中国农业科学技术出版社 .

王越辉，白瑞霞，马之胜，等 . 2015. 桃果实采收关键技术 [J]. 现代农村科技 (14)：36-37.

张福平，陈蔚辉，刘谋泉，等 . 2014. 莲雾采前管理及采后商品化处理技术 [J]. 广东农业科学，41 (19)：31-34.

张建中 . 2006. 果品包装设计的要点 [J]. 农产品加工 (3)：60-61.

朱明 . 2016. 果蔬贮藏保鲜技术与设施问答 [M]. 北京：中国农业科学技术出版社 .

第七章　果品营销管理

第一节　果品市场预测

▷ 市场预测对果品营销有什么意义？

市场预测是果品营销的一个重要环节。准确的市场预测能使果品生产经营与市场需要相适应并取得良好的经营回报。果品生产具有周期长、行情波动大、产销时空分离等特点，这些特点决定了在果品生产和经营过程中存在的市场风险相对较大。因此，必须重视和加强果品市场预测。

▷ 市场预测有什么作用？如何实现市场预测？

1. 市场趋势预测

市场趋势预测主要解决两个问题：①对某一果品当前国内外大市场的供求状况做出概括性判断；②对该类果品未来较长时期市场供求变化的可能性做出判断。需要果农主要关注果品的相关信息，包括果品国内外总种植面积及近年增减变化情况，消费者对该果品的总体评价、该果品的国内外比较优势等。

2. 品种发展预测

果品发展有"品种制胜"之说，品种发展趋势的预测可以通过一些途径进行，例如消费者的偏好变化之间的规律、主要品种占有量、新品种的特性和栽培要求等信息。当年供给量预测。供给量的大小主要由两个方面决定：①该类果品当年生产量；②该类果品当年进出口量的大小。

3. 市场行情及周年走势特点预测

果品的市场行情主要受当年该果品供求形势的影响。此外，生产成本和流通费用的变化，也会对市场行情产生一定的影响。

市场需求量的预测，主要考虑：①该果品当年出口量，出口增长量较大的果品，市场需求量就会越大；②根据果品的加工特性，计算当年加工需求量。

阶段性行情预测。在实际的果品营销中，果品经营者都是针对某个具体市场开展销售的。果品市场的行情是多变的，因此预测要从规律性和变化性两个方面进行。一是果品市场年际变化规律，二是季节性的行情演变规律。

总之，果品市场预测相对复杂，受制因素较多。在具体的预测过程中需要把握市场信息，结合趋势预测、供求预测和阶段性预测，把握规律性，应对变化性。

第二节　果品品牌定位

➤ 什么是品牌定位？

品牌定位是企业在市场定位和产品定位的基础上，对特定的品牌在文化取向及个性差异上的商业性决策，它是建立一个与目标市场有关的品牌形象的过程和结果。

➤ 果品品牌的分类？

果品品牌分为三种：地域品牌、产品品牌、企业品牌。例如：库尔勒香梨、藤稔葡萄、马陆葡萄等。企业品牌是品牌竞争的王牌，对手无法模仿。企业品牌需借地域品牌和产品品牌之势，更快地获得消费者的认可。

➤ 如何进行品牌的定位？

对品牌进行合理的定位，确定资源分配，从而进行品牌建设，是品牌塑造的基础。果品品牌需要根据不同的市场阶段和目标市场，采取不同的渠道策略。市场开拓初期，需要企业在做好渠道战略布局之后，全力打开目标区域市场；处在市场成长期的时候，企业可以针对重点市场做直销，非重点市场则可以延续总代理的形式，从而可以提高市场运作效率，更好地增加市场份额。产品品牌要根据产品特征找准定位，主要包括包装定位、价格定位、宣传定位、目标客户定位等。在包装上要突出企业 LOGO，确定标准字、标准色、凸显视觉效果，加深受众记忆，为品牌形象的确定开辟视觉传播途径；价格上要根据生产经营成本、市场需求、市场未来发展趋势合理定位；宣传上要确立主题，确定宣传方案，找准消费者关注点与需求点；目标客户定位方面要在常规渠道的基础上，大力开发特殊渠道，例如：飞机配餐、宾馆酒店配餐、餐馆配餐、公司团购、非主流宴会配餐等。加强终端建设，合理分配水果超市和一般超市的权重，努力建立终端客户资料库。实力允许的情况下，水果企业可以建立厂家专有的市场队伍，引进专业品牌管理人才，建立品牌管理团队，明确责权，分配任务，建立品牌目标，是品牌之路的基石。

第三节　果品定价策略

果品价格的作用与特点包括为企业提供收益，决定企业经营的获利性，涉及消费者对产品的接受程度以及果品的市场占有率。

➢ 影响果品定价的因素是什么？

影响果品定价的因素主要包括定价目标，供求关系，成本估算，市场竞争状况等。

➢ 果品定价的方法有哪些？

果品的定价策略需要选择适当的定价方法。定价的基本方法包括：成本导向法、需求导向法、竞争导向法、撇脂定价法、渗透定价法。

1. 成本导向定价法

成本导向定价法是一种最简单的定价方法，即在农产品单位成本的基础上，加上预期利润作为产品的销售价格。

2. 需求导向定价法

需求导向定价法是指企业在定价时不再以成本为基础，而是以消费者对产品价值的理解和需求强度为依据。

3. 竞争导向定价法

竞争导向定价法是指企业通过研究竞争对手的商品价格、生产条件、服务状况等，以竞争对手的价值为基础，确定自己产品的价格。

4. 撇脂定价法

撇脂定价法又称高价法，即将产品的价格定得较高，尽可能在产品生命初期，在竞争者抛出相似的产品以前，尽快收回投资，并且取得相当的利润。然后随着时间的推移，在逐步降低价格使新产品进入弹性大的市场。

5. 渗透定价法

渗透定价法是在产品进入市场初期时将其价格定在较低水平，尽可能吸引最多的消费者的营销策略。

对于果品的定价而言大多数情况下将采用成本导向法和需求导向法。根据果品的产出成本加上应有利润来决定果品的价格；对于需求旺盛，市场利润空间足的果品，将采用需求导向法。在现实果品定价的过程中，还要充分考虑国内国外市场供应与需求、消费人群、消费心理等因素。

第四节　果品分销渠道设计与管理

➢ 果品分销的渠道和管理方式有哪几种？

果品的分销渠道与管理主要包括以下 5 种方式。

1. 直销

农户通过自家人力物力将果品直接销售给消费者的渠道形式。这种模式主要受地理位置的限制，在城市或县城附近的农民倾向于这种渠道，成本低而且能卖到较高的价格。优点是销售灵活，农户可以根据本地区销售情况和周边地区市场行情，自行组织销售。农户自行销售过程中避免了经纪人、中间商、零售商的中间环节。这种销售渠道的不足在于，销量小，而且不稳定，产品质量安全监管困难，是一种较为低级的分销模式。

2. 农户+专业市场销售

专业市场销售通过建立影响力大、辐射能力强的农产品专业批发市场来集中销售果品。这种分销模式具有以下优点。销售集中、销量大。对于果品这种季节性强的农产品而言具有优势；对信息反应快，为及时、集中分析、处理市场信息，做出正确决策提供了条件；能够在一定程度上实现快速、集中运输、妥善储藏，加工与保鲜。存在的问题主要有市场管理、市场体系不健全；对市场信息分析处理能力差；市场配套服务设施不健全，不能有效实现市场功能延伸。

3. 农户+生产基地+龙头企业

果品龙头企业通过建立生产基地，长年对果农进行现代科学栽培技术、管理技术培训。龙头企业回购果品，确立品牌负责果品销售。这种分销渠道具有适应性强、稳定性好的特点，能够集中把果品销往各地，企业积极高，销售渠道相对稳定。

4. 农户+合作社

通过成立果品专业合作社，引导产业结构调整、信息技术服务、创立果品品牌，开拓果品销售市场。专业合作社为农民架起了走向市场的桥梁，减少市场风险，提高了果农进入市场的组织化程度。这种分销渠道优点在于可以减少果农与市场之间的矛盾，减小果农的经营风险；能够把分散的果品集中起来，有利于果品品牌建设，有利于果品的再加工和深加工，有利于果品的增值，为果品产业化发展打下基础。

5. 互联网+（商家+）农户（专业合作社）

随着互联网技术发展的成熟及成本的降低，网络销售已经成为一种新的营销理念和策略。农户或者专业合作社首先建立自己的果品品牌，没有条件的农户或专业合作社可以与相应商家进行联合，通过互联网为消费者提供一个新型的购物环境。消费者通过网络在网上购物、在网上支付。这种模式大大节省了客户和企业的时间和空间，提高了交易效率。网上商店品种多样，最主要的是不用存在实体商店，节约了许多空间，同样也给农户或商家节省了一大笔租金、储存费用，降低了成本。商家或农户降低成本的同时，商品价格也会有更多调整的余地，让消费者购买更加实惠。这种分销模式是商对客的电子商务，也就是通常说的商业零售，直接面向消费者销售产品和服务。

参考文献

张学琴.2015.果品营销渠道体系建设问题探讨［J］.陕西农业科学，61
（1）：118-120.

诸会民.2008.果品营销必需的五项预测［J］.西北园艺，6（3）：36-37.

第八章　运营效益估算与评价

家庭农场通过规模经营，科学组合和集约利用各种生产要素，可以有效提高劳动生产率、土地产出率和资源利用率。本章给出家庭农场的经济效益评价。

第一节　经济效益的概念

➢ 经济效益的含义是什么？

在说明经济效益之前，先介绍下什么叫经济效果。

人们所从事的一切物质资料的生产活动，都要消耗并占用一定量的劳动，其目的都是为了取得社会所需要的劳动成果。这种成果在政治经济学中叫作有用效果。用所消耗或占用的劳动与所取得的为社会所需要的有用效果相比较，就表现为经济效果。所消耗或占用的劳动量少，所取得的有用效果大，经济效果就好。反之，经济效果就不好。

即经济效果是人们在物质生产活动中投入的劳动消耗及劳动占用与所产出的有用效果之间的比较。反映经济效果水平有两种表示形式，一种是：

$$经济效果 = \frac{有用效果}{劳动消耗（或劳动占用）}，$$ 这个比值的数越大，经济效果也就越好。反之则较差。例如土地生产率、劳动生产率等。

另一种表示形式为：经济效果 = 有用效果（所得）－劳动消耗或占用（所费）。若是用价值的绝对值表示经济效果的大小，其指标有净产值、纯收入、利润等。

一般来说，经济效益和经济效果两者是一致的，但也有区别。即只有生产出来的产品是符合社会需要的才算有经济效益，它包含着比经济效果更高一层的含义。

经济效益计算公式为：

$$经济效益 = \frac{对社会有效的有用效果}{劳动消耗量}$$

> ### 经济效益指标与经济指标的联系与不同？

数量指标是评定经济效益所必不可少的，它是衡量经济效益的一种尺度。

经济效益指标必须是反映劳动消耗与劳动占用所生产的有用效果之间的对比关系，不反映这种对比关系就不是经济效益指标。简而言之，经济效益指标反映的是投入与产出之间的对比关系。

一些数量指标，比如土地、劳动力、资金的数量，收入、成本、盈利数，这些反映了生产活动的经济状况，称之为经济指标。

一些指标，如每人平均收入，每个农业劳动力供养的人口数，虽然反映了比例关系，但不是投入与产出之间的对比关系，所以也是一般经济指标。

再如，造林成活率、牲畜产仔率、农机每马力平均负担的耕地面积等，反映了不同的农业技术满足农业生产某种要求的程度和产生某种有用效果的多少，属于技术效果指标，而不是经济效益指标。

经济指标、技术效果指标对于分析经济效益指标是不可缺少的。因为这些指标反映影响经济效益的诸因素。

第二节　农业生产经济效益指标

> ### 农业生产经济效益指标有哪些？

农业生产经济效益指标一般分为四大类。

1. 从土地利用角度反映经济效益的指标

（1）**单位面积总产量或产值**。该指标综合反映土地资源的利用水平和利用效果。其公式为：

$$单位土地面积总产量或产值 = \frac{总产量或总产值}{农用土地面积}$$

（2）**单位土地面积纯收入**。这个指标从总产值中扣除了物化劳动和必要劳动消耗，反映了利用单位土地面积为社会做贡献的大小程度。其公式为：

$$单位土地面积纯收入 = \frac{农产品价值-生产成本}{某类农用土地面积}$$

2. 比较从劳动报酬角度反映经济效益的指标

（1）农业劳动生产率。指活劳动消耗与产量或产值的比率[①]。它综合反映了活劳动利用的效果。劳动生产率的高低决定了劳动者在单位时间内所生产的产品量。一般用每个劳动力每年生产的农产品产量或产值表示。农业劳动生产率的公式为：

$$农业劳动生产率 = \frac{生产的产品量或产值}{活劳动消耗量}$$

（2）劳动盈利率。指活劳动消耗与纯收入的比率。这个指标扣除了物化劳动消耗和人工报酬之后的经济效益，反映了农业劳动者为社会作贡献的大小程度。其公式为：

$$劳动盈利率 = \frac{产品产值-生产成本}{活劳动消耗量}$$

3. 从成本耗费角度反映经济效益的指标

生产农产品消耗的生产资料价值和劳动报酬构成农产品成本。所以这类指标反映了生产的农产品量同全部农产品成本的对比关系，在评价经济效益中占有十分重要的位置。最常用的是单位产品成本指标和成本利润指标。前者反映生产单位产品的劳动消耗水平，后者反映生产过程中消耗每单位资金的经济下移。其计算公式：

$$成本利润率（\%） = \frac{利润额}{生产成本} \times 100$$

$$单位产品成本 = \frac{消耗的生产资料价值+劳动报酬}{产品产量}$$

4. 从资金占用角度反映经济效益的指标

一般用资金产品率和资金盈利率两个指标表示。

资金产品率反映每百元资金可生产的产量或产值；资金盈利率反映资金占有量同剩余产品价值的比例关系，即每占用百元资金提供的纯收入。其计算公式为：

———————————————

[①] 活劳动是指物质资料的生产过程中劳动者的脑力和体力的消耗过程。活劳动是处于流动状态的人类劳动。

$$资金产品率（\%）= \frac{产量或产值}{占用的资金总额} \times 100$$

$$资金盈利率（\%）= \frac{产品产值-生产成本}{占用的资金总额} \times 100$$

根据评价目的的不同，资金产品率还可细分为总资金产品率（总资金即占用的资金总额=固定资金+流动资金），固定资金产品率和流动资金产品率三个指标。资金盈利率也可分为总资金盈利率，固定资金盈利率和流动资金盈利率三个指标。

➢ 如何选取合适的农业生产经济效益指标？

反映农业生产经济效益的指标是多种多样的。这是因为农业生产经济效益的因素是多方面的，需要从多方面去考虑。一般来说，既要考虑农业劳动的效益，也要考虑利用土地的效益，既要计较成本耗费的节约，也要计较资金占用的节约。只使用一两个指标达不到全面反映经济效益的目的。另外一个指标本身有局限性，只能包含有限的因素，不可能容纳所有的因素在一个指标内，因而某一指标只能在一定范围内反映某一方面的经济效益。在实际应用过程中，应根据具体评价对象的内容、评价要求，选择切实可行的指标，既能全面客观的反映经济效果的大小，又能简化计算工作。

第三节 家庭农场经济效益分析

家庭农场经营者具有一定的资本投入能力、农业技能和管理水平，能够采用先进技术和装备，经营活动有比较完整的财务收支记录。这种集约化生产和经营水平的提升，使得家庭农场能够取得较高的土地产出率、资源利用率和劳动生产率，对其他农户开展农业生产起到示范带动作用。

本节给出常见的几类家庭农场经济效益分析模块。

➢ 成本利润率包括的项目有哪些？如何计算？

用成本利润率来衡量家庭农场经营耗费所带来的经营成果。以种植业家庭农场为例。农业生产的生产成本包括物质与服务费用、人工成本两大项。其中物质与服务费用支出主要为种子、化肥、农药、农机具购置、租赁作业、修理维护费等。人工成本不考虑家庭内部用工，只计算雇工费用。见表 8-1。

表 8-1　生产成本费用

项目		单位	年
一、物质与服务费用		元	
（一）直接费用		元	
	1. 种子（苗木）费	元	
	2. 化肥费	元	
	3. 农家肥费	元	
	4. 农药费	元	
	5. 农膜费	元	
	6. 租赁作业费	元	
	7. 机械作业费	元	
	8. 燃料动力费	元	
	9. 技术服务费	元	
	10. 工具材料费	元	
	11. 修理维护费	元	
	12. 其他间接费用	元	
（二）间接费用		元	
	1. 固定资产折旧	元	
	2. 保险费	元	
二、人工成本		元	
雇工费用		元	
	雇工天数	天	
	雇工工价	元	

注：未考虑家庭用工折价。

在此基础上，编制农业生产的成本收益表，对家庭农场收入、成本及利润进行分析。见表 8-2。

表 8-2　成本收益

项目		单位	年
总收入		千克	
产值合计	生产产品产量	千克	
	产值合计	元	
补贴收入	粮食直补、农资综合补贴、良种补贴、小麦生态补贴等	元	

（续表）

项目			单位	年
总成本			元	
	生产成本		元	
		物质与服务费用	元	
		人工成本（雇工费用）	元	
	土地成本		元	
		流转地租金	元	
净利润			元	
成本利润率			%	

注：未考虑家庭用工折价和自营地折租。

其中总收入、总成本、净利润等属家庭农场的经济指标，成本利润率则表征家庭农场的经济效益指标。

具体计算公式如下：

（1）总成本＝生产成本＋土地成本，其中生产成本＝物质与服务费用＋人工成本

（2）总收入＝产值＋补贴总额

（3）净利润＝总收入－总成本

（4）成本利润率（％）$=\dfrac{净利润}{总成本}\times100$

成本利润率指标越高，表明家庭农场取得利润而付出的代价越小，成本费用控制得越好，盈利能力越强。

➤ 土地产出率如何计算？

土地产出率是反映土地生产能力的一项指标，指生产周期内（一年或多年）单位面积土地上的农产品数量或产值。家庭农场通过规模化经营，土地的集约利用程度增强，从而提高了土地产出率。

$$土地产出率=\dfrac{产值}{农用地面积}$$

以种植冬小麦、夏玉米为例。粮食型家庭农场土地产出率计算表设计如

表 8-3 所示。

表 8-3　家庭农场土地产出率

年份	作物	耕地面积 （亩）	产值 （元）	土地产出率
2017	小麦、玉米			

其中：

（1）产值=产量×销售价格

（2）土地产出率=产值/耕地面积

➤ 劳动生产率如何计算？

农业劳动生产率是劳动者生产农产品的劳动效率，指生产周期内（一年或多年）一产增加值与劳动力人数的比值。

$$农业劳动生产率 = \frac{产值}{从业人员数}$$

以种植冬小麦、夏玉米为例。粮食型家庭农场劳动生产率计算表设计如表 8-4 所示。

表 8-4　家庭农场劳动生产率

年份	作物	用工 （人）	产值 （元）	劳动生产率 （元/人）
2017	小麦、玉米			

其中：

（1）产值=产量×销售价格

（2）劳动生产率=产值/用工

例如，以某家庭农场为例，种植 100 亩冬小麦、夏玉米，小麦、玉米生产共用工 15 个，小麦和玉米总产值 9.55 万元，则该家庭农场劳动生产率为 6 366元/人。

➤ 水资源利用率如何计算？

农业资源包括能源、水、肥、农业废弃物等。在此主要衡量水资源利用率。

$$水资源利用率 = \frac{产值}{水耗}$$

以种植冬小麦、夏玉米为例。粮食型家庭农场水资源利用率计算表设计如表8-5所示。

表8-5 家庭农场水资源利用率

年份	作物	灌溉水量 （米³）	产值 （元）	水资源利用率 （元/米³）
2017	小麦、玉米			

其中：水资源利用率=（小麦产值+玉米产值）／（小麦灌溉水量+玉米灌溉水量），表征每方灌溉水能创造多少价值。

第四节 典型案例

▷ 单个家庭农场的经济效益分析

×市×××家庭农场，经营规模200亩。生产经营情况如下：以种植冬小麦、夏玉米为主。小麦为籽种天，玉米作为饲料。

（1）**收入情况**。总收入2 135元/亩。其中亩产小麦400千克/亩、玉米500千克/亩，两季农作物产值900千克/亩×1.03＝1 854元；粮食直补等补贴218元/亩（粮食直补：小麦70元/亩，玉米32元/亩；农资综合补贴：小麦60元/亩、玉米55元/亩；良种补贴：小麦12元/亩、玉米12元/亩；小麦生态补贴：40元/亩）。

（2）**生产成本情况**。总成本1 571元/亩。其中生产成本921元/亩，土地租金650元/亩。

（3）**经济效益情况**。初步测算，每亩收益564元，经营规模200亩，年收入11.28万元左右。

从经济效益分析看，该农场的成本利润率为35.90%，成本费用利润率小于1，未能实现超额利润。目前土地租金650元/亩由政府补贴，去除该部分租金支出，则该农场的每亩收益为1 214元，相应成本利润率提高到

132%，农场可实现超额利润。

➤ 多个家庭农场的经济效益比较分析

家庭农场因具有规模化、市场化、企业化的特点，理论上来讲有利于实现规模效益，开展标准化生产。鉴于大部分地区家庭农场刚刚处于成立的起步阶段，从农业生产的特点上来讲，经济效益尚未特别明显。本节选取某省部分成立较早，规模在 240 亩以上，具有典型意义的 6 家家庭农场为例，对家庭农场的经营效益进行分析。

用成本利润率来衡量农场经营耗费所带来的经营成果。各农场具体的费用、利润以及成本费用利润率见表 8-6。

表 8-6　某省 2012 年典型家庭农场成本费用利润率

农场	总成本费用（万元）	总利润（万元）	成本利润率（%）
农场 1	391.0	59.0	15.09
农场 2	370.2	149.8	40.46
农场 3	209.0	58.0	27.75
农场 4	400.0	120.0	30.00
农场 5	200.0	68.0	34.00
农场 6	83.9	71.1	84.81

数据分析可知，上述 6 家家庭农场的成本费用利润率均小于 1，即均未能实现超额利润。其中，农场 1 的成本费用利润率仅为 15.09%，即每付出 1 元成本仅可获得 0.15 元的利润。效益稍好的农场 6 成本费用利润率达到 84.81%，即每付出 1 元成本可获得 0.85 元的利润。实际上，农场 1 是以单一种植西兰花为主，而农场 6 则是实现了水稻、杨梅、竹笋和家禽的混合经营，这也在一定程度上说明，实行多样化农业生产经营比单一农作物种植更易获得较高的利润。

参考文献

国家发展和改革委员会价格司 .2014. 全国农场品成本收益资料汇编

2013 ［M］. 北京：中国统计出版社 .

牛若峰，刘天福 . 1984. 农业技术经济手册 ［M］. 北京：农业出版社 .

左国金 . 1984. 农业生产经济效益及其几种分析方法 ［J］. 广西农村金
　　融研究（2）：38-41.